医疗功能房间

详图详解 II

总策划／董永青

编　著／傅馨延

编　委／张文娟　齐一鸣　左厚才　杨　磊　赵　焱
　　　　周海艳　崔卫东　马春萍　鲁　凤

江苏凤凰科学技术出版社

图书在版编目（CIP）数据

医疗功能房间详图详解 . II ／ 傅馨延编著 . —— 南京：
江苏凤凰科学技术出版社，2020.5
ISBN 978-7-5713-1068-4

Ⅰ . ①医… Ⅱ . ①傅… Ⅲ . ①医院－建筑设计－图集
Ⅳ . ① TU246.1-64

中国版本图书馆 CIP 数据核字 (2020) 第 050765 号

医疗功能房间详图详解 II

编　　著	傅馨延	
项 目 策 划	凤凰空间 / 翟永梅	
责 任 编 辑	赵　研　刘屹立	
特 约 编 辑	翟永梅	

出 版 发 行	江苏凤凰科学技术出版社
出版社地址	南京市湖南路 1 号 A 楼，邮编：210009
出版社网址	http://www.pspress.cn
总 经 销	天津凤凰空间文化传媒有限公司
总经销网址	http://www.ifengspace.cn
印　　刷	雅迪云印（天津）科技有限公司

开　　本	710 mm × 1 000 mm　1/16
印　　张	13
字　　数	167 000
版　　次	2020 年 5 月第 1 版
印　　次	2020 年 5 月第 1 次印刷

标 准 书 号	ISBN 978-7-5713-1068-4
定　　价	69.80 元

序

"医疗功能房间详图系列"丛书之一——《医疗功能房间详图详解Ⅱ》（以下简称《详图详解Ⅱ》）的出版，距 2010 年编写《医疗功能房间详图集Ⅰ》已有 10 年时间。这 10 年，有多少刚刚进入医院建设领域的年轻设计师通过读书获得力量，有多少医院建设工作者通过读书掌握了科学方法论，有多少医院投资管理者通过读书了解到医院建筑的特殊性。随着《医疗功能房间详图详解Ⅰ》《医疗功能房间详图集Ⅱ》的陆续出版，"医疗功能房间详图系列"丛书初具雏形，睿勤顾问公司的年轻咨询师也通过不断的知识总结和理念提升，得到了快速的成长。本书的作者原来是医院重症监护病房的护士，进入医疗工艺咨询领域后，将自己多年的临床护理经验与建筑条件有效地结合，通过医疗功能空间行为理论，清晰地阐述了医院各种功能房间的临床需求，将复杂枯燥的平面图纸，演绎成大众可读的科普文章，使更多人了解并掌握了医疗建筑的特点。

2018 年，《医疗功能房间详图详解Ⅰ》的出版可谓是"无心插柳柳成荫"。起初，我们只是在微信平台宣传推广公司研究的房间详图，并没有出书之意。随着我们开始从行为研究入手，对房间进行细致入微的讲解，一篇篇文章像一个个小故事，让读者不仅对房间功能有了了解，也对涉及的医学背景、相关规范有了全面的认识。慢慢地我们发现，每周一篇的房型推广已经成为大家的一个期待。于是我们认为应该将这些素材集结成书，作为公司所有同仁智慧的结晶，也作为一本简单好用的工具书，为从事医院设计、管理和建设的读者们提供帮助。

《详图详解Ⅱ》是北京睿勤永尚建设顾问有限公司"医疗功能房间详图系列"丛书的第四本。从 2011 年《医疗功能房间详图集Ⅰ》问世以及后续两册书的出版来看，这种以科学方法论为基础，以最终使用空间细节描述为目标的专业图书广受好评。社会的认可增强了我们继续研究医疗功能房间详图的信心，也加快了我们对《详图详解Ⅱ》这本书从研究、编写到完善的步伐。当然，我们在对获得肯定感到欣慰的同时，也感受到了肩上的重任，众多的期待和关注督促我们要更加谨慎努力，不能掉以轻心。

《详图详解Ⅱ》依旧延续了《医疗功能房间详图详解Ⅰ》的编写风格和方式，从已出版的《医疗功能房间详图集Ⅱ》中精选了 60 余个常用的功能房间，采用图文并茂的方式对这些房间的功能、行为、分区以及需要配置的家具和设备加以详细说明，让读者对这些房间有更清晰和全面的了解。希望本丛书能在具备工具书功能的基础上，多一些轻松和趣味。此书难免有不足之处，期待您的中肯意见。

　　2020 年是睿勤顾问公司成立的第 13 年，我们将始终坚持以研究创新作为公司发展的基本点，秉承精心做事的原则，厚积薄发，砥砺前行，为医疗工艺树新高。若达成此目的，将是我们的荣幸，我们也将为之努力。

董永青

2020 年 3 月

目录

第一章　门急诊系列

一、预约式诊室

1. 预约式诊室功能简述

　　预约就诊是国外发展较为成熟的一种医疗方式。患者进入诊室后，一般由护士先进行简单的问诊，包括病史、用药等信息采集以及体征指标收集。之后将这些数据和信息记录，在医生看诊前汇报给医生（图1-1）。

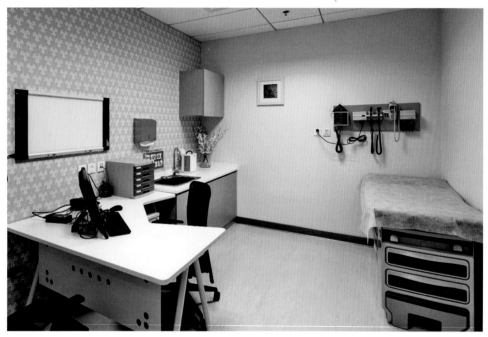

图 1-1　预约式诊室

2. 预约式诊室主要行为说明

　　预约式诊室主要行为见图1-2。

　　预约式诊室布局三维示意见图1-3。

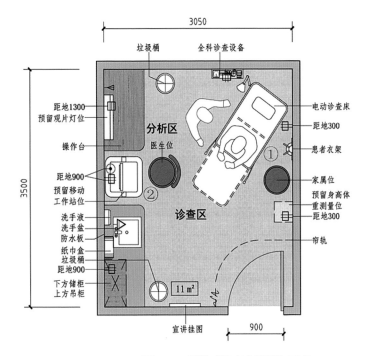

图 1-2　预约式诊室主要行为示意

注：本书图内数据单位除有特殊标注外均为毫米（mm）。

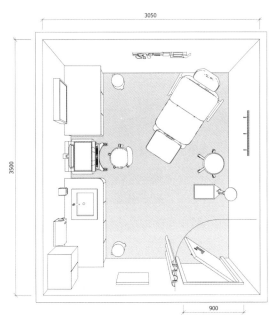

图 1-3　预约式诊室布局三维示意

（1）诊查区：与传统诊室中患者位设置不同，预约式诊室由于就诊流程不同，患者位为诊查床形式。房间一侧可预留家属陪同位，并设置帘轨，在检查时保护患者隐私。床头配备壁挂式全科诊断系统（图1-4）。

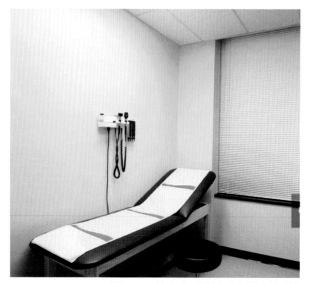

图1-4　检查床及壁挂式全科诊断系统

全科诊断系统是全科医生们的"工具箱"。通常悬挂在诊室的墙面上，方便医师取用及归位，集成式设计可以有效利用诊室空间，提高效率。诊断系统包括血压、体温测量仪，专科如眼科、耳鼻喉等检查工具（图1-5）。

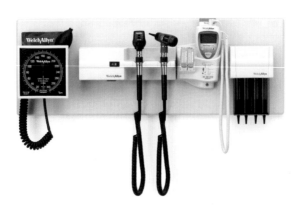

图1-5　壁挂式全科诊断系统

（2）由于预约式和传统看诊模式不同，医生并不是固定在某一诊室内，所以医生工作区不必设 L 形或 T 形诊桌，可设置操作台及预留移动工作站，方便灵活使用。

3. 预约式诊室家具、设备配置

预约式诊室家具配置清单见表 1-1。

表 1-1　预约式诊室家具配置清单

家具名称	数量	备注
操作台	1	宜圆角
边台吊柜	1	下方为储物柜，上方设置吊柜
洗手盆	1	防水板、纸巾盒、洗手液、镜子（可选）
诊椅	1	带靠背，可升降，可移动
衣架	1	尺度据产品型号
帘轨	1	弧形
圆凳	1	直径 380 mm

预约式诊室设备配置清单见表 1-2。

表 1-2　预约式诊室设备配置清单

设备名称	数量	备注
移动工作站	1	包括显示器、主机、打印机
观片灯	1	医用观片灯，功率 60 W（参考）
全科检查仪	1	检眼镜、检耳镜、血压计、体温计
电动诊查床	1	—
身高体重仪	1	尺度据产品型号

二、儿科诊室（小儿/儿保）

1. 儿科诊室（小儿/儿保）功能简述

儿科门诊应自成一区，宜设单独出入口，流向合理。根据小儿年龄特点，医院需提供一种非常友好的、家庭般的、温暖的、社会化的环境，满足儿童的心理需求。例如门诊区域设儿童活动区，增加游乐体验，同时设儿童、家属等候区等（图1-6），这些都有助于患儿更快熟悉和亲近医院环境，降低焦虑程度，从而帮助他们更好地配合检查与治疗。

图1-6　儿童活动及儿童、家属等候区示意

小儿/儿童保健诊室是儿科诊室用房，儿童保健对象通常为0～6岁儿童。诊室采用单人单诊形式，需设家属位。

2. 儿科诊室（小儿/儿保）主要行为说明

儿科诊室（小儿/儿保）主要行为见图1-7。

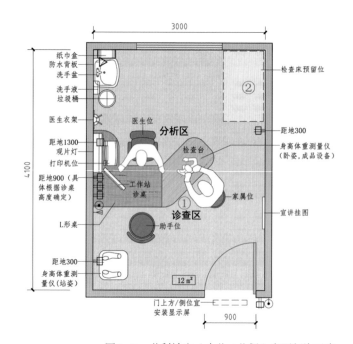

图1-7　儿科诊室（小儿/儿保）主要行为示意

儿科诊室（小儿 / 儿保）布局三维示意见图 1-8。

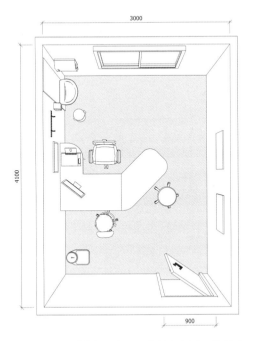

图 1-8　儿科诊室（小儿 / 儿保）布局三维示意

（1）根据小儿医疗行为特点，诊室内通常不设普通诊床，而是把检查台和诊桌结合设置（图 1-9），便于医生就近检查，同时可以兼顾家属行为需求。

图 1-9　儿科检查台

（2）房间预留儿童检查床，方便稍大患儿或需要进一步检查的患儿使用。

对于小儿／儿保诊室的设计，应符合儿童视觉、心理的情感需要，营造亲切、开放和积极的治疗环境（图 1-10）。

图 1-10　诊室设计满足儿童视觉、心理情感需求

3. 儿科诊室（小儿／儿保）家具、设备配置

儿科诊室（小儿／儿保）家具配置清单见表 1-3。

表 1-3　儿科诊室（小儿／儿保）家具配置清单

家具名称	数量	备注
诊桌	1	宜圆角
诊椅	1	带靠背，可升降，可移动
洗手盆	1	防水板、纸巾盒、洗手液、镜子（可选）
垃圾桶	1	—
衣架	2	尺度据产品型号
圆凳	2	直径 380 mm

儿科诊室（小儿 / 儿保）设备配置清单见表 1-4。

表 1-4　儿科诊室（小儿 / 儿保）设备配置清单

设备名称	数量	备注
工作站	1	包括显示器、主机、打印机
观片灯	1	医用观片灯，功率 60 W（参考）
身高体重仪	1	尺度据产品型号
诊查床	1	预留位置

三、盆底治疗室

1. 盆底治疗室功能简述

盆底治疗主要是针对盆底肌功能障碍的治疗。盆底肌肉就像一条弹簧，将耻骨、尾椎等连接在一起，从而维持尿道、膀胱、阴道、子宫、直肠等器官的正常位置，以便行使其功能。一旦其弹性变差，便会导致这些器官无法维持在正常位置，从而出现相应的功能障碍。

盆底治疗分为手术治疗和非手术治疗。非手术治疗主要有盆底肌锻炼、生物反馈疗法及电刺激疗法等，可以使受损伤的肌肉、神经得到纠正，从而达到恢复盆底正常生理功能的目的。根据医疗行为的特点，房间需强调患者隐私（图 1-11）。

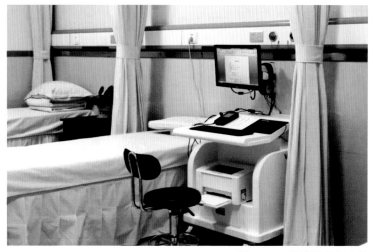

图 1-11　盆底治疗室示意

2. 盆底治疗室主要行为说明

盆底治疗室主要行为见图 1-12。

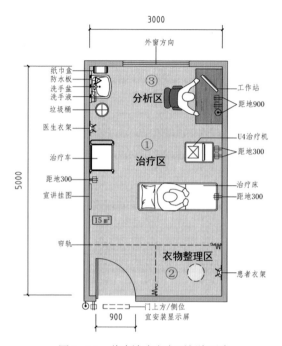

图 1-12　盆底治疗室主要行为示意

盆底治疗室布局三维示意见图 1-13。

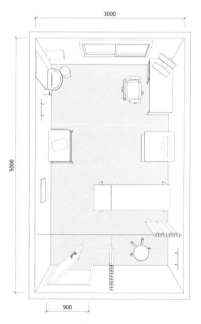

　　　　图 1-13　盆底治疗室布局三维示意

（1）盆底康复非手术治疗通常是进行盆底肌的肌电生物刺激治疗，房间内需设置治疗床、治疗设备（图1-14）、隔帘等。由于盆底康复治疗涉及女性的隐私部位，治疗时应注意保护患者隐私。

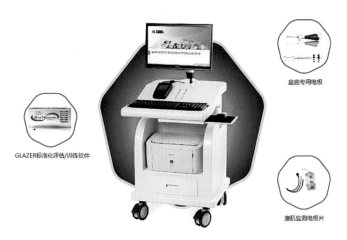

图1-14 盆底肌肌电生物刺激反馈治疗仪

（2）治疗前后患者需进行衣物的穿脱，出于人性化的考虑，房间内单独设置了衣物整理区，区域内设置隔帘、衣架、圆凳等。

（3）治疗前后，医生需对患者的病情及治疗效果进行分析、记录，通常会设置工作站、洗手盆等设施。

3. 盆底治疗室家具、设备配置

盆底治疗室家具配置清单见表1-5。

表1-5 盆底治疗室家具配置清单

家具名称	数量	备注
工作台	1	尺度据产品型号
诊椅	1	带靠背、可升降、可移动
洗手盆	1	防水板、纸巾盒、洗手液、镜子（可选）
垃圾桶	1	直径300 mm
治疗车	1	尺度据产品型号
帘轨	1	直线型
衣架	2	尺度据产品型号
治疗床	1	尺度据产品型号

盆底治疗室设备配置清单见表 1-6。

表 1-6　盆底治疗室设备配置清单

设备名称	数量	备注
工作站	1	包括显示器、主机、打印机
U4 治疗机	1	U4 盆底功能障碍治疗仪，配移动底座
显示屏	1	尺度据产品型号

四、眼科治疗室

1. 眼科治疗室功能简述

眼科治疗室是进行眼科治疗，包括泪道冲洗、球结膜下注射、眼部换药等医疗操作的场所。由于眼科门诊人流量大，病种多，仪器、器械短时间内使用频率高，患者接受检查、治疗操作较多，而眼科检查、治疗项目多为侵入性，为了有效预防眼科常见感染性疾病的交叉感染，对房间环境、医疗器械、无菌物品及医务人员手的清洁度要求较高。由于为眼部操作，患者头需朝向医护方向（图 1-15）。

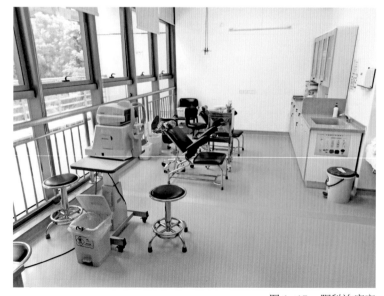

图 1-15　眼科治疗室

2. 眼科治疗室主要行为说明

眼科治疗室主要行为见图 1-16。

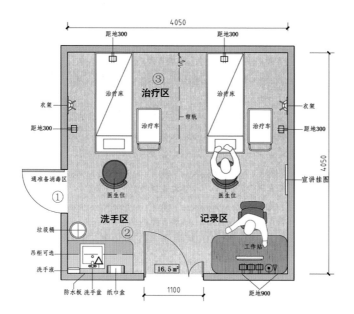

图 1-16 眼科治疗室主要行为示意

眼科治疗室布局三维示意见图 1-17。

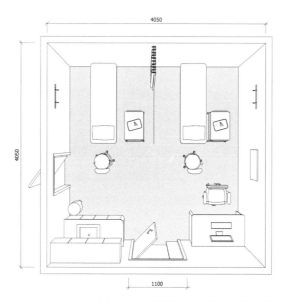

图 1-17 眼科治疗室布局三维示意

（1）房间与眼科器械准备消毒区连通，方便器械的回收、清洗、消毒，同时减少了医务人员的动线距离。

（2）房间内单独设置洗手区，满足医护治疗操作前后洗手的需求。

（3）治疗区内设置治疗床、医生位，并满足治疗车推车条件。根据医疗行为特点，可并排设置两张治疗床。

3. 眼科治疗室家具、设备配置

眼科治疗室家具配置清单见表 1-7。

表 1-7　眼科治疗室家具配置清单

家具名称	数量	备注
诊桌	1	宜圆角
诊床	2	宜安装一次性床垫、卷筒纸
垃圾桶	1	尺度据产品型号
诊椅	1	带靠背，可升降，可移动
圆凳	2	直径 380 mm，带靠背
衣架	2	尺度据产品型号
帘轨	1	尺度据产品型号
洗手盆	1	防水板、纸巾盒、洗手液、镜子（可选）
治疗推车	2	尺度据产品型号

眼科治疗室设备配置清单见表 1-8。

表 1-8　眼科治疗室设备配置清单

设备名称	数量	备注
工作站	1	包括显示器、主机、打印机

五、视野检查室（单元）

1. 视野检查室（单元）功能简述

人的头部和眼球固定不动的情况下，眼睛观看正前方物体时所能看到的空间范围，称为"静视野"。眼睛转动所看到的，称为"动视野"，常用角度来表示。

视野检查室（单元）是眼科的配套功能用房，在整体布局上，可一室一机，并与其他眼科检查室临近设置；亦可在实际工作中根据检查量和人力资源配置情况将多台检查设备放在同一检查室内，共用一个房间空间，形成单元格局。视野检查分动态检查和静态检查，是诊断和监测青光眼及其他一些视觉、视神经疾病的基本方法。

视野检查需要在暗室中进行，室内需设置遮光窗帘。检查室应相对安静独立，以使患者保持注意力高度集中（图 1-18）。

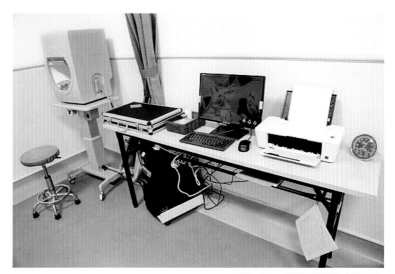

图 1-18 视野检查室（单元）

2. 视野检查室（单元）主要行为说明

视野检查室（单元）主要行为见图 1-19。

视野检查室（单元）布局三维示意见图 1-20。

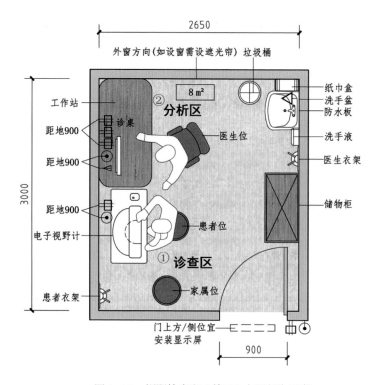

图 1-19　视野检查室（单元）主要行为示意

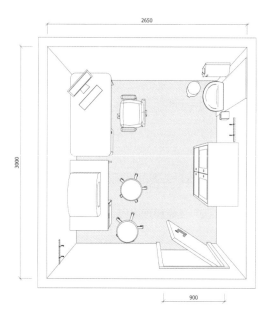

图 1-20　视野检查室（单元）布局三维示意

（1）诊查区：设有患者检查位及电子视野计。检查时，患者取坐位，调整好高度，保持室内安静，降低误差发生率。

视野计是用于生理教学测定眼球视野，以及为医学眼科神经作必要测定的一种眼科专业仪器（图1-21）。

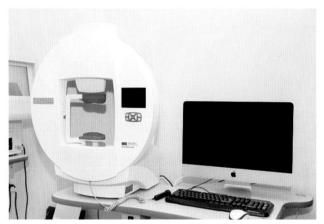

图 1-21 全自动视野计

（2）分析区：设置医生工作站、诊桌、诊椅、洗手盆等，医生对检查结果进行分析诊断并打印出具报告。

3. 视野检查室（单元）家具、设备配置

视野检查室（单元）家具配置清单见表 1-9。

表 1-9 视野检查室（单元）家具配置清单

家具名称	数量	备注
诊桌	1	宜圆角
座椅	1	带靠背，可升降，可移动
洗手盆	1	防水板、纸巾盒、洗手液、镜子（可选）
垃圾桶	1	直径 300 mm
储物柜	1	尺度据产品型号
衣架	2	尺度据产品型号
圆凳	2	直径 380 mm
设备桌	1	尺度据产品型号

视野检查室（单元）设备配置清单见表 1-10。

表 1-10　视野检查室（单元）设备配置清单

设备名称	数量	备注
工作站	1	包括显示器、主机、打印机
显示屏	1	尺度据产品型号
电子视野计	1	视野仪，质量 16 kg（参考）

六、眼底照相室（单元）

1. 眼底照相室（单元）功能简述

眼底照相是使用眼底照相仪对患者进行眼底检查和照相。眼底照相可快速获取不同视野范围的眼底彩色图像，包含活体信息和特征，直观明了，准确度高，较全面地反映视网膜损害，并具有数字化保存功能，便于定期对比观察。

眼底照相室（单元）通常需暗室条件，室内需设置遮光窗帘，要求环境整洁干净，减少仪器镜面反复摩擦造成镜头损害。原则上为一室一机，但在实际应用中根据工作量和人力资源配置情况也可将多台检查设备放在同一检查室内，形成单元格局（图 1-22）。

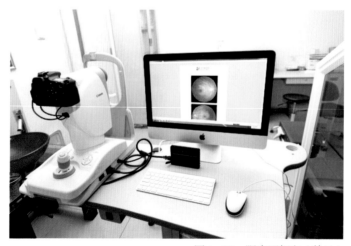

图 1-22　眼底照相室（单元）

2. 眼底照相室（单元）主要行为说明

眼底照相室（单元）主要行为见图1-23。

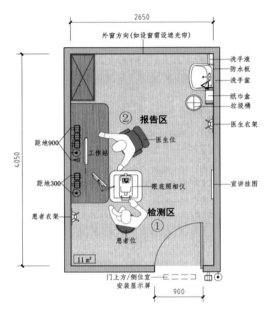

图1-23 眼底照相室（单元）主要行为示意

眼底照相室（单元）布局三维示意见图1-24。

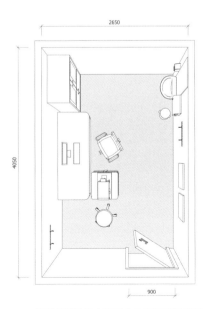

图1-24 眼底照相室（单元）布局三维示意

（1）检测区：设置眼底照相仪、患者位等，设置位置应靠近患者入口处，便于患者出入。对暗适应差的患者可提前 15 分钟进入检查室，以完成暗适应。检查时，患者取坐位，调整好高度，使患者保持舒适位。

免散瞳眼底照相，就是利用高感光原理，提高相机的感光度，使用较弱光线对眼底进行照相，拿到计算机上进行观察和分析（图1-25）。

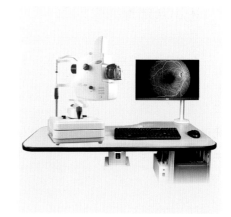

图 1-25　免散瞳眼底照相机

（2）报告区：设有医生工作站（包括电脑、显示器、打印机）、诊桌、诊椅等，医生在此区完成检查结果的分析记录，出具检查报告。

3. 眼底照相室（单元）家具、设备配置

眼底照相室（单元）家具配置清单见表 1-11。

表 1-11　眼底照相室（单元）家具配置清单

家具名称	数量	备注
诊桌	1	宜圆角
诊椅	1	带靠背，可升降，可移动
洗手盆	1	防水板、纸巾盒、洗手液、镜子（可选）
垃圾桶	1	直径 300 mm
圆凳	1	直径 380 mm
衣架	2	尺度据产品型号

眼底照相室（单元）设备配置清单见表 1-12。

表 1-12　眼底照相室（单元）设备配置清单

设备名称	数量	备注
工作站	1	包括显示器、主机、打印机
眼底照相仪	1	功率 0.4 kW，质量 24.5 kg（参考）
显示屏	1	尺度据产品型号

七、角膜地形图室（单元）

1. 角膜地形图室（单元）功能简述

角膜地形图检查是通过角膜地形图仪检查每位患者的角膜形态，通过角膜前后表面的地形图能够判断出患者角膜的曲率、散光的类型，并且可以提前发现是否有可能出现圆锥角膜。可用于角膜散光诊断、角膜屈光手术的术前检查和术后疗效评价等。

角膜地形图室（单元）通常设置在眼科诊区，在布局上，可一室一机，并与其他眼科检查室临近设置；亦可根据检查量和人力资源配置情况将多台检查设备放在同一检查室内，形成单元格局。检查需要在暗室内进行，因检查时需充分暴露角膜，因此要求室内空气清洁，定期进行空气消毒，防止造成感染（图1-26）。

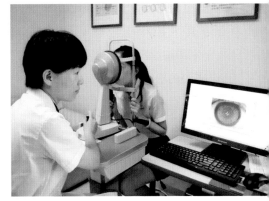

图1-26　角膜地形图检查

2. 角膜地形图室（单元）主要行为说明

角膜地形图室（单元）主要行为见图1-27。

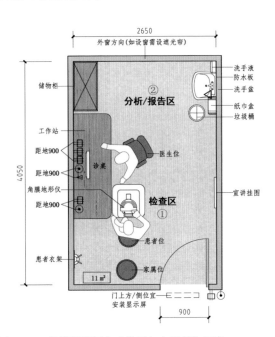

图1-27　角膜地形图室（单元）主要行为示意

角膜地形图室（单元）布局三维示意见图 1-28。

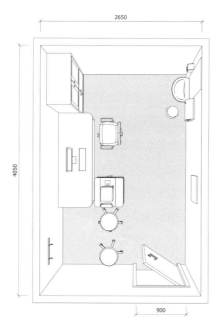

图 1-28　角膜地形图室（单元）布局三维示意

（1）检查区：设有角膜地形图仪、患者位等。检查时患者取坐位，下颌放在下颌托上，用头带固定头位。检查者操作角膜地形图仪把手，使显示幕上的交叉点位于瞳孔中心而进行摄影。

角膜地形图仪是一款通过电脑辅助，从而呈现角膜表面曲率映像的新型设备（图 1-29）。该设备较为精密，需要对室内进行防潮、防尘、清洁、消毒。

图 1-29　角膜地形图仪

（2）分析/报告区：设有医生工作站（包括电脑、显示器、打印机）、诊桌、诊椅等，医生在此区完成检查结果的分析记录，出具检查报告。

3. 角膜地形图室（单元）家具、设备配置

角膜地形图室（单元）家具配置清单见表 1-13。

表 1-13　角膜地形图室（单元）家具配置清单

家具名称	数量	备注
诊桌	1	宜圆角
诊椅	1	带靠背，可升降，可移动
洗手盆	1	防水板、纸巾盒、洗手液、镜子（可选）
储物柜	1	尺度据产品型号
衣架	1	尺度据产品型号
圆凳	2	直径 380 mm
设备桌	1	尺度据产品型号

角膜地形图室（单元）设备配置清单见表 1-14。

表 1-14　角膜地形图室（单元）设备配置清单

设备名称	数量	备注
工作站	1	包括显示器、主机、打印机
显示屏	1	尺度据产品型号
角膜地形图仪	1	功率 70 W，质量 15 kg（参考）

八、儿童视力筛查室

1. 儿童视力筛查室功能简述

视力筛查是识别儿童视力问题的重要途径。通过视力筛查，医生能在早期发现孩子是否有近视、远视、散光、斜视等视力问题。早期发现、早期干预，可以改善视力或者避免视力问题恶化，对孩子以后的视力发育能够起到更好的保护作用。

儿童视力筛查室一般设置于儿童保健中心或儿童眼科门诊。其设计和布局应符合儿童视

觉、心理的情感需求，营造亲切、开放和积极的环境。增加游乐体验的设计可缓解儿童紧张的情绪，同时需设儿童、家属等候区（图1-30）。

图1-30　儿童及家属等候区

不同年龄阶段的孩子，有不同的视力筛查方式。检测室一般设有几种不同的视力筛查工具，常见的有视力表、视力筛查仪、色盲色弱测试图等。室内需光线充足，必要时使用人工照明（图1-31）。

图1-31　婴幼儿视力筛查及儿童视力检查室

2. 儿童视力筛查室主要行为说明

儿童视力筛查室主要行为见图1-32。

儿童视力筛查室布局三维示意见图1-33。

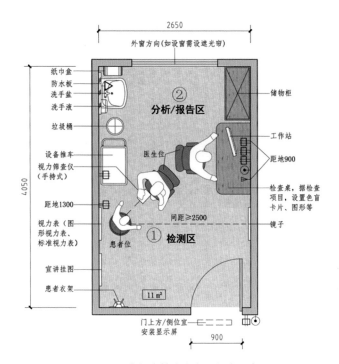

图 1-32 儿童视力筛查室主要行为示意

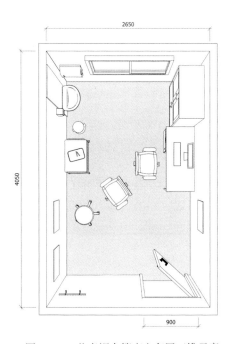

图 1-33 儿童视力筛查室布局三维示意

（1）检测区：设置视力筛查仪、视力表、镜子等，根据不同检查内容的需要进行空间划分。视力检查表检查分为远视力检查和近视力检查，远视力检查时，被检查者与灯箱距离为 5 m，若用平面反光镜，视力灯箱与反光镜距离为 2.5 m，因此需保证房间的尺寸能够满足检查的需要。

（2）分析 / 报告区：设有工作站、医生位、储物柜、洗手盆等，对不同检查项目的结果进行记录、整理、综合评估。根据视力筛查结果，给予建议或指导。

3. 儿童视力筛查室家具、设备配置

儿童视力筛查室家具配置清单见表 1-15。

表 1-15　儿童视力筛查室家具配置清单

家具名称	数量	备注
诊桌	1	宜圆角
诊椅	1	带靠背，可升降，可移动
洗手盆	1	防水板、纸巾盒、洗手液、镜子
垃圾桶	1	直径 300 mm
衣架	1	尺度据产品型号
圆凳	1	直径 380 mm
储物柜	1	尺度据产品型号
推车	1	尺度据产品型号

儿童视力筛查室设备配置清单见表 1-16。

表 1-16　儿童视力筛查室设备配置清单

设备名称	数量	备注
工作站	1	包括显示器、主机、打印机
视力筛查仪	1	手持式视力筛查仪，检查屈光度
视力表	1	距离 5 m，功率 40 W（参考）
显示屏	1	尺度据产品型号

九、采血室

1. 采血室功能简述

采血室是为患者采取静脉血或指血血液标本的场所。指血采血窗口通常设在检验科，静脉血采血可考虑门诊分层采血或科室内采血的形式，或设置门诊集中采血窗口。其他包括门急诊、感染科、体检中心等均需分别设置采血窗口。

图 1-34　采血窗口及等候区

采血室外应设患者等候区，根据高峰时段流量合理设置等候座椅，避免窗口前混乱、拥挤。等候区应设置指示采血顺序、叫号设备系统等（图 1-34）。

2. 采血室主要行为说明

采血室主要行为见图 1-35。

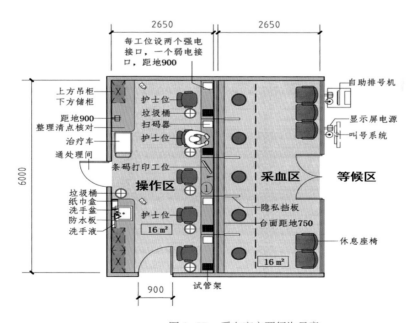

图 1-35　采血室主要行为示意

采血室布局三维示意见图 1-36。

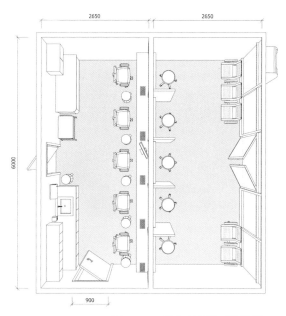

图 1-36　采血室布局三维示意

　　每个采血窗口应设置操作台、座椅、利器盒、医疗及非医疗废物桶、手卫生设施等。此外，应有足够的照明。窗口的高度应满足患者及护士的生理舒适度需求，方便操作，提高效率。

　　通常在坐姿操作情况下，窗口距地面 75 cm 较适宜。同时需考虑轮椅患者的操作高度，设置无障碍采血窗口（图1-37）。

图 1-37　采血窗口

采血室的空气和物体表面消毒应符合《医院消毒卫生标准》GB 15982—2012 的规定。

3. 采血室家具、设备配置

采血室家具配置清单见表 1-17。

表 1-17　采血室家具配置清单

家具名称	数量	备注
操作台	5	宜圆角
座椅	5	带靠背，可升降，可移动
圆凳	5	直径 380 mm
休息座椅	5	尺度据产品型号
洗手盆	1	防水板、纸巾盒、洗手液、镜子（可选）
垃圾桶	6	直径 300 mm

采血室设备配置清单见表 1-18。

表 1-18　采血室设备配置清单

设备名称	数量	备注
工作站	1	包括显示器、主机、打印机
扫码工作站	4	尺度据产品型号
自助排号机	1	自助一体机
自助显示屏	1	具备显示、语音叫号功能

十、分层挂号收费室

1. 分层挂号收费室功能简述

为缓解医院首层集中收费挂号的压力及门诊大厅拥挤问题，同时减少患者排队等候时间，提高患者就医体验，医院在建立规划初期均会考虑分层挂号收费的设置。分层挂号收费室（图1-38）一般会设置在楼层的醒目位置，在很大程度上缓解了上述问题，优化了门诊流程，节约了患者就诊时间，提高了患者对就医的满意度。

图 1-38　分层挂号收费室

　　随着医院管理水平的提高和"信息化、数字化医院"建设的深入，很多医院都实行了"一站式"服务，如手机 APP 预约挂号、电话挂号、现场自助挂号缴费、就医收费票据自助打印等（图 1-39）。

图 1-39　自助服务区

2. 分层挂号收费室主要行为说明

分层挂号收费室主要行为见图 1-40。

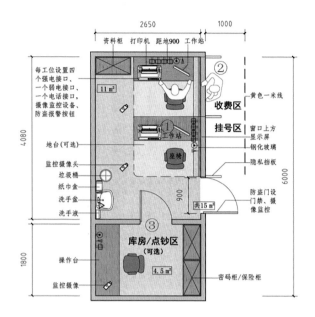

图 1-40 分层挂号收费室主要行为示意

分层挂号收费室布局三维示意见图 1-41。

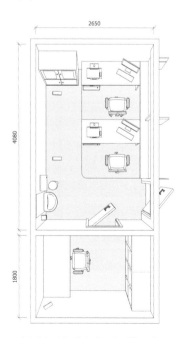

图 1-41 分层挂号收费室布局三维示意

（1）分层挂号收费室工位采用侧向窗口设计和布置，增加了工作台面的使用空间，利于电脑、打印机、点钞机等物品的摆放。同时缩短了工作人员和窗口的距离，便于钱款、票据的传递。

（2）窗口台面距地 1.1 m，还应考虑坐轮椅患者，设置无障碍收费窗口。台面设置隐私挡板，注重患者财产等方面隐私的安全保护。工作人员座位平视高度约 1.2 m。

（3）房间内另设库房、点钞区，与工位区相连。内部设置保险柜用于钱款的暂时存放，同时设监控系统及操作台。

由于工作涉及钱款的收存、票据的收发，为保证患者的权益，避免不必要的纠纷出现，房间还需设置监控、手控脚踢报警、声音采集等设备系统。入口安装防盗门并设门禁，确保人员及财产安全。

3. 分层挂号收费室家具、设备配置

分层挂号收费室家具配置清单见表 1-19。

表 1-19　分层挂号收费室家具配置清单

家具名称	数量	备注
资料柜	1	尺度据产品型号
座椅	3	尺度据产品型号
工作台	3	尺度据产品型号
隐私挡板	2	尺度据产品型号
洗手盆	1	防水板、纸巾盒、洗手液、镜子（可选）
垃圾桶	1	直径 300 mm

分层挂号收费室设备配置清单见表 1-20。

表 1-20　分层挂号收费室设备配置清单

设备名称	数量	备注
工作站	2	包括显示器、主机、打印机
显示屏	2	尺度据产品型号
监控	3	尺度据产品型号
保险柜	2	尺度据产品型号

第二章 住院系列

一、产科病房（单人）

1. 产科病房（单人）功能简述

产妇不同于真正的病患，生产只是正常的生理过程，所以产科病房并不是真正意义上的病房，而是迎接新生命的地方。设计上应尽量体现对产妇这一特殊人群的人文关怀，减少其焦虑感，使产妇有家的感觉。

2. 产科病房（单人）主要行为说明

产科病房（单人）主要行为见图 2-1。

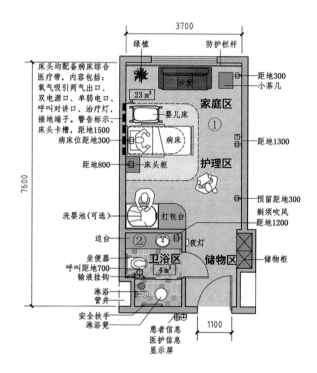

图 2-1 产科病房（单人）主要行为示意

产科病房（单人）布局三维示意见图2-2。

图2-2　产科病房（单人）布局三维示意

考虑产科对于陪护、隐私、住院品质等的特殊需求，病区应以家庭化的单人间病房为主。房间内的家具和布局与普通病房单人间相似，除储物柜、陪床沙发等，还需设置婴儿床（图2-3）。

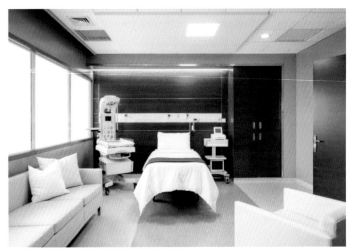

图2-3　产科病房

（1）护理区宜设置在陪护区外侧，靠近入口，这样更便于护士观察产妇情况。病床一侧设置婴儿床。婴儿床的参考尺寸：长 120 ~ 130 cm，宽 60 ~ 70 cm。家庭区设置陪护沙发，满足陪护和会客的需求。

（2）卫浴区：卫浴间需设置安全助力设施，保证安全。房间还可设置洗婴设施及婴儿护理台，也可在病区内集中设置。

3. 产科病房（单人）家具、设备配置

产科病房（单人）家具配置清单见表 2-1。

表 2-1　产科病房（单人）家具配置清单

家具名称	数量	备注
床头柜	1	宜圆角
沙发	1	尺度据产品型号，兼陪护
输液吊轨	1	U 形
帘轨	1	U 形
婴儿床	1	尺度据产品型号
洗婴池	1	单面玻璃多功能池，亚克力一体成型
打包台	1	尺度据产品型号

产科病房（单人）设备配置清单见表 2-2。

表 2-2　产科病房（单人）设备配置清单

设备名称	数量	备注
电视	1	尺度据产品型号
病床	1	尺度据产品型号（含升降床桌）
医疗设备带	2	尺度据产品型号
显示屏	1	尺度据产品型号

二、核素病房（双人）

1. 核素病房（双人）功能简述

核素病房是用于核医学科的特殊护理病房，主要收治甲状腺癌和甲亢患者。由于患者术后需要大剂量碘-131治疗，注射或服药后一定时间内会对医务人员及周边人群产生一定辐射，因此须对核医学病房进行辐射防护和放射性废水、废物的处理。

核素病房可设在医院的一般建筑物内，但应集中在建筑物的一端或一层，与非放射性单元相对隔离（图2-4）。患者和医护人员要有各自独立的通道。病房按三区布局：非限制区包括医生、护士办公室、等候区域等；工作区（监督区）包括废物储存室、分装配药室、给药注射室、淋浴室等；控制区主要为病人活动区，包括病房、患者走廊、患者专用卫生间等。三区之间应有严格的分界和过渡。

图2-4　核素病房

2. 核素病房（双人）主要行为说明

核素病房（双人）主要行为见图2-5。

核素病房（双人）布局三维示意见图2-6。

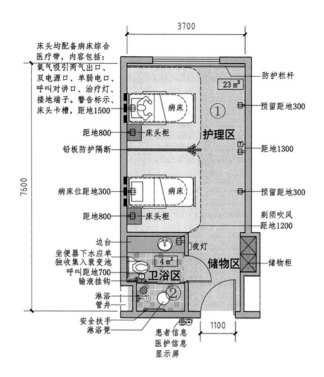

床头均配备病床综合
医疗带，内容包括：
氧气吸引两气出口、
双电源口、单弱电口、
呼叫对讲口、治疗灯、
接地端子。警告标示、
床头卡槽，距地1500
距地800　床头柜
铅板防护隔断
病床位距地300
距地800　床头柜
边台
坐便器下水应单
独收集入衰变池
呼叫距地700
输液挂钩
淋浴
管井
安全扶手
淋浴凳

7600

3700

23 m²　防护栏杆
预留距地300
护理区
距地1300
预留距地300
剃须吹风
距地1200
夜灯
储物区　储物柜
4 m²
卫浴区
患者信息
医护信息
显示屏

1100

图 2-5　核素病房（双人）主要行为示意

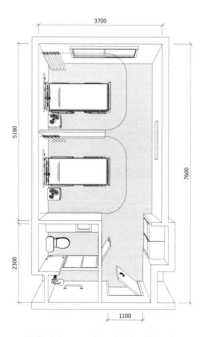

3700

5180

7600

2300

1100

图 2-6　核素病房（双人）布局三维示意

核素治疗病房以单人间为宜，如无条件，则一室内可容二人，最多三人。对于双人病房，病床之间需设铅板防护隔断进行保护。住院期内，患者排泄物也有辐射，坐便器排放管路需防辐射，汇流至衰变池。

（1）护理区基本配置包括综合医疗设备带、病床、床头柜、铅板防护隔断，每床位空间相对独立（图2-7）。

（2）卫浴区设无障碍设施，入口宽度应能保证轮椅进出。患者使用的坐式大便器下水应单独收集入衰变池。放射性污水的排放，应符合现行国家标准《电离辐射防护与辐射源安全基本标准》GB 18871—2002 的有关规定。

患者在核素病房控制区需进行3～5天的隔离治疗，为方便医护人员了解患者服药后的情况或一些突发状况，护士站一般会配备视频通话系统、重点区域视频监控系统（图2-8）。

随着核素治疗的推广，国内已有多家医院率先引进核医学科病房服务机器人（图2-9）。该机器人能够代替医护人员，执行病人生命体征测量、辐射防护宣教、辐射残留及环境放射检测、送药、巡检、查房等病房服务，并提供远程视频问诊、实时回答病患疑问等增值服务。在保护医务人员安全的同时，最大限度提高患者治疗准确度。

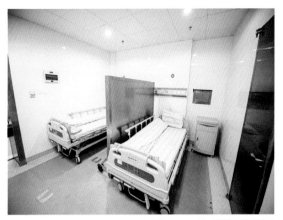

图 2-7　核素病房护理区

图 2-8　核素病房视频通话、监控系统

图 2-9　核素病房服务机器人

3. 核素病房（双人）家具、设备配置

核素病房（双人）家具配置清单见表2-3。

表2-3　核素病房（双人）家具配置清单

家具名称	数量	备注
床头柜	2	宜圆角
输液吊轨	2	U形
帘轨	2	U形
卫浴	1	患者洗手盆、坐便器、淋浴

核素病房（双人）设备配置清单见表2-4。

表2-4　核素病房（双人）设备配置清单

设备名称	数量	备注
电视	1	尺度据产品型号
病床	2	尺度据产品型号
医疗设备带	2	尺度据产品型号
显示屏	1	尺度据产品型号
铅板防护隔断	1	尺度据产品型号

三、产科分娩室

1. 产科分娩室功能简述

分娩室是产妇进行自然分娩的场所，又称"产房"（图2-10）。根据《三级妇幼保健院评审标准实施细则（2016年版）》国卫办妇幼发〔2016〕36号、《二级妇幼保健院评审标准实施细则（2016年版）》国卫办妇幼发〔2016〕36号及《三级妇产医院评审标准（2011年版）实施细则》卫办医管发〔2012〕67号的要求：分娩室设置须符合《医院感染管理办法》和《医院隔离技术规范》要求，布局合理，有分娩室的管理制度，有检查监督部门执行记录。

分娩区总面积应在100㎡以上，应集中设在病区一端，远离污染源，应有污染区、缓冲区、清洁区、隔离产房与污物专用通道；分娩室单人单间，每间面积不小于25㎡；若设置为

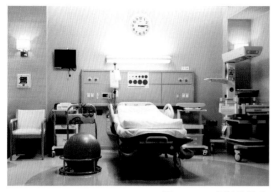

图 2-10　产科分娩室

两张产床的分娩室，每张产床使用面积不少于 20 ㎡；室内需恒温、恒湿环境，温度保持在 24 ~ 26 ℃，湿度以 50% ~ 60 % 为宜，新生儿抢救台温度在 30 ~ 32 ℃；严格进行物体表面、空气等的消毒。

2. 产科分娩室主要行为说明

产科分娩室主要行为见图 2-11。

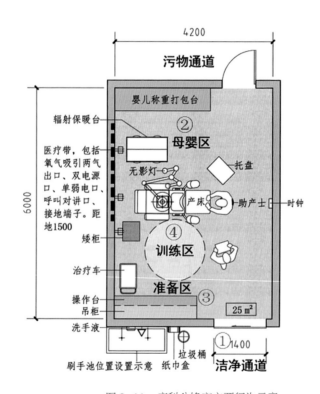

图 2-11　产科分娩室主要行为示意

产科分娩室布局三维示意见图2-12。

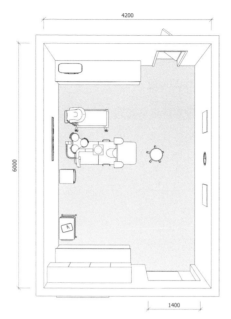

图2-12　产科分娩室布局三维示意

根据医疗行为特点，本书介绍的房型分为准备区、训练区、母婴区。

（1）医护人员洗手更衣后，通过术前洁净通道进入分娩室；同时设立单独的污物通道，分娩后产生的污物及医疗垃圾能够通过污物通道直接送出。

（2）母婴区：设置多功能产床、无影灯等所需的医疗设备、仪器。床头设置综合医疗设备带，便于在分娩过程中使用。根据婴儿娩出后对其进行的一系列处置，设置婴儿小推床、婴儿辐射保暖台、综合医疗设备带、婴儿称重打包台等。

（3）准备区：分娩开始前，医务人员进行分娩所需药物、器械等准备的区域，设置吊柜、操作台、治疗推车等。

（4）训练区：供产妇进行产前活动、放松训练，通常配备导乐球等，主要目的是分散注意力，减轻阵痛等（图2-13）。

图2-13　产科分娩室训练区

3. 产科分娩室家具、设备配置

产科分娩室家具配置清单见表 2-5。

表 2-5　产科分娩室家具配置清单

家具名称	数量	备注
刷手池	1	防水板、纸巾盒、洗手液、镜子（可选）
吊柜操作台	2	尺度据产品型号
治疗车	1	尺度据产品型号
床头柜	1	尺度据产品型号

产科分娩室设备配置清单见表 2-6。

表 2-6　产科分娩室设备配置清单

设备名称	数量	备注
辐射保暖台	1	功率 0.9 kW（参考）
产床	1	多功能产床，质量 125 kg（参考）
医疗设备带	2	尺度据产品型号
无影灯	1	单臂无影灯

四、水中分娩室

1. 水中分娩室功能简述

　　水中分娩是自然分娩的另一种方式。1805 年法国的昂布里（Embry）首次使用这项技术，在国外已有近 200 年的历史。但据现资料记载，早在 1803 年，法国就出生了第一个水中婴儿。2003 年，上海市长宁区妇幼保健院进行中国首例水中分娩。2006 年，国内第一家采用专业水中分娩设备的医院在广州成功开展水中分娩。

　　水中分娩与传统分娩方式相比，安全、舒适、经济，医疗干预率低。在科技日新月异的今天，水中分娩是世界上越来越盛行的自然分娩方式（图 2-14）。

图 2-14　水中分娩室

2. 水中分娩室主要行为说明

水中分娩室主要行为见图 2-15。

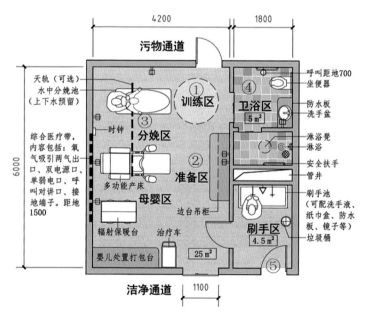

图 2-15　水中分娩室主要行为示意

水中分娩室布局三维示意见图 2-16。

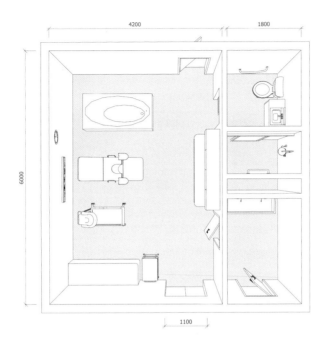

图 2-16　水中分娩室布局三维示意

（1）一般分娩前，在专业人员的指导下，孕产妇会进行一系列的放松训练。训练区一般可设置导乐球等供产妇进行产前活动，以达到分散注意力、减轻阵痛的目的。

（2）同时，分娩前，医务人员需在准备区准备分娩所需药物、器械、物品等，此区通常设置吊柜、操作台等。

（3）分娩开始时，产妇躺卧在分娩池中，在医护人员及助产士的指导下开始生产，直至新生儿娩出。考虑到此过程中可能随时会将产妇转移到产床进行处置，因此一般会配套设置多功能产床，床头配备综合医疗设备带、床旁设置婴儿辐射保暖台、婴儿处置打包台等供产前待产，以备分娩时遇紧急情况临时处置及对新生儿进行处置等（图2-17）。在整个分娩过程中，需保证分娩池水的恒温和洁净度，通常需设置专用的水循环和过滤系统。

图 2-17　水中分娩室分娩区示意

（4）卫浴区设置淋浴等，便于产妇产后清洗。

（5）医务人员通过洁净通道进入刷手区，洗手更衣后进入分娩区。分娩后产生的医疗垃圾及污物通过单独的污物通道送出。

3. 水中分娩室家具、设备配置

水中分娩室家具配置清单见表2-7。

表2-7　水中分娩室家具配置清单

家具名称	数量	备注
处置打包台	1	宜圆角
边台吊柜	1	宜圆角
卫浴	1	患者洗手盆、坐便器、淋浴
垃圾桶	1	尺度据产品型号

水中分娩室设备配置清单见表2-8。

表2-8　水中分娩室设备配置清单

设备名称	数量	备注
刷手池	1	防水板、纸巾盒、洗手液、镜子（可选）
医疗设备带	2	尺度据产品型号
多功能产床	1	电动多功能产床，质量218 kg（参考）
水中分娩池	1	冷/热水管，排水管，功率1100 W
辐射保暖台	1	尺度据产品型号

五、消毒配奶间

1. 消毒配奶间功能简述

消毒配奶间通常为产科病房、新生儿病房的辅助用房。房间内划分洁净区和消毒区，洁净区用于配奶操作及奶粉和液态奶的存放，消毒区用于奶瓶的清洗和消毒（图2-18）。

图2-18　工作人员在进行配奶操作

2. 消毒配奶间主要行为说明

消毒配奶间主要行为见图2-19。

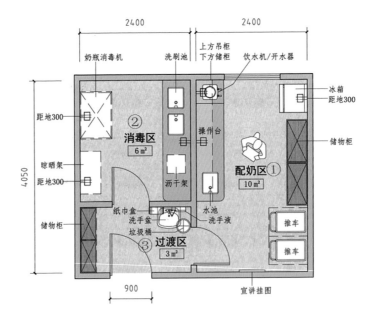

图2-19　消毒配奶间主要行为示意

消毒配奶间布局三维示意见图 2-20。

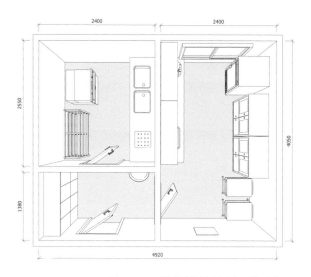

图 2-20　消毒配奶间布局三维示意

（1）配奶区：此区为洁净区，工作人员进入前须更换工作服并洗手，佩戴口罩、帽子。区域内需设置操作台、水池、开水器、冰箱、储物柜等。

（2）消毒区：设置洗刷池、沥干架、晾晒架、消毒机等。

（3）过渡区：工作人员进入配奶区前的过渡区域，设置洗手盆、储物柜等。

3. 消毒配奶间家具、设备配置

消毒配奶间家具配置清单见表 2-9。

表 2-9　消毒配奶间家具配置清单

家具名称	数量	备注
操作台	2	尺度据产品型号
储物柜	4	钢质喷塑器械柜
推车	2	尺度据产品型号
水池	3	尺度据产品型号
洗手盆	1	防水板、纸巾盒、洗手液、镜子（可选）

消毒配奶间设备配置清单见表 2-10。

表 2-10　消毒配奶间设备配置清单

设备名称	数量	备注
电冰箱	1	质量 43 kg，容量 133 L
饮水机	1	尺度据产品型号
奶瓶消毒机	1	功率 550 W，质量 108 kg（参考）

六、视频探视室

1. 视频探视室功能简述

视频探视制度是指家属在规定的探视时间内进入视频探视室，使用探视工作站可视系统与患者实现可视对讲，有效减轻了因避免交叉感染不可探视陪护而让家属产生的焦虑心情，为患者和家属提供了更加人性化的服务。

视频探视室的位置宜靠近 ICU 病房监护区外的家属等候区。家属通过摄像头、显示屏等电子设备，与感染控制区域的患者进行视频探视交流（图 2-21）。

图 2-21　视频探视室

2. 视频探视室主要行为说明

视频探视室主要行为见图 2-22。

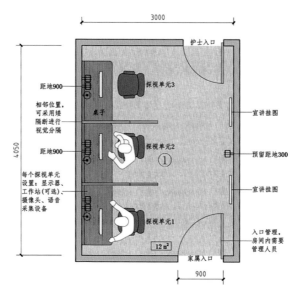

图 2-22　视频探视室主要行为示意

视频探视室布局三维示意见图 2-23。

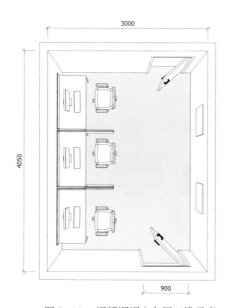

图 2-23　视频探视室布局三维示意

（1）以3个探视单元为例，视频探视室内可分为小隔间，有条件的可设为单人单室（图2-24），以减少患者家属之间的干扰，同时增加隐私保护。相邻探视单元之间可采用矮隔断进行视觉分隔。

图2-24　单人单室视频探视

（2）视频探视系统主要由探视管理平台、病房（移动）探视设备、家属探视终端工作站组成。家属探视终端工作站包括摄像头、显示屏、通话系统等电子设备。家属进入探视室后，通过探视终端与（移动）探视设备连接，就可以与患者视频交流并通话。探视管理平台可置于护士站，由病房护士统一管理并操作（图2-25）。

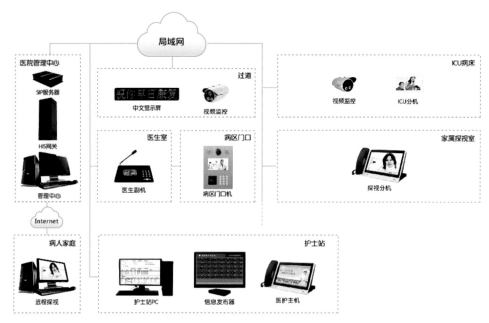

图2-25　视频探视系统

视频探视系统让家属在不进入 ICU 的情况下，实现与患者"面对面"的交流沟通，缓解患者与家属的不良情绪，更有利于病情的好转。因此，搭建重症病房的探视系统也成为医院人性化发展的重要部分。

这种探视系统也可以应用到医生谈话室，在医生向患者家属解释病情时，提供直观影像。

3. 视频探视室家具、设备配置

视频探视室家具配置清单见表 2-11。

表 2-11 视频探视室家具配置清单

家具名称	数量	备注
桌子	3	宜圆角
座椅	3	带靠背，可升降，可移动

视频探视室设备配置清单见表 2-12。

表 2-12 视频探视室设备配置清单

设备名称	数量	备注
工作站	3	包括显示器、主机
摄像头	3	尺度据产品型号
耳机、话筒	3	或另行设置音频采集、扩音设备

七、出入院手续室

1. 出入院手续室功能简述

出入院手续室用于为患者办理出入院手续，涉及钱款押金、出入院结账等工作，因缴款方式多样化，设计需考虑各种应用接口，同时需设置安防相关设备，如监控探头、手控脚踢报警、声音采集、防盗门等设备。房间的面积需根据窗口数量确定（图 2-26）。

图 2-26 出入院手续室

随着医院信息化建设的深入，缴款方式的多样化发展，现金交易方式逐渐减少；同时，考虑患者就医时的感受，传统的"柜台式"窗口模式正在发生变化，"无障碍沟通隔间"的工位模式（图2-27）在越来越多的新型医院中受到设计者、院方的青睐。这种模式在很大程度上改善了患者对就医的体验和感受。

图 2-27　"无障碍沟通隔间"模式出入院手续办理区

2. 出入院手续室主要行为说明

出入院手续室主要行为见图2-28。

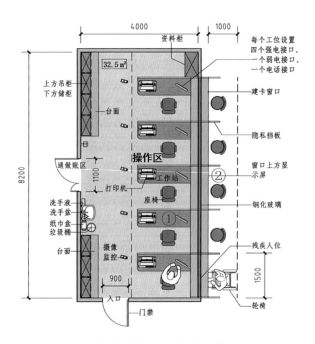

图 2-28　出入院手续室主要行为示意

出入院手续室布局三维示意见图 2-29。

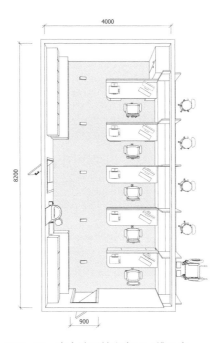

图 2-29　出入院手续室布局三维示意

（1）工位采用侧向窗口设计和布置，增加了工作台面的使用空间，利于电脑、打印机、点钞机等物品的摆放。同时缩短了工作人员和窗口的距离，便于钱款、票据的传递。

（2）窗口台面距地面 1.1 m，同时考虑到使用轮椅的患者，设置无障碍收费窗口，窗口台面为方便坐轮椅的患者增宽至 1.5 m，距地面 700～850 mm。台面设置隐私挡板，注重患者财产等方面隐私安全保护。工作人员座位平视高度约 1.2 m（图 2-30）。

图 2-30　出入院手续办理窗口

　　同时，房间设置监控探头、报警、声音采集等设备系统，入口处安装防盗门并设门禁，确保人员及财产安全。

3. 出入院手续室家具、设备配置

出入院手续室家具配置清单见表 2-13。

表 2-13　出入院手续室家具配置清单

家具名称	数量	备注
边柜吊台	2	上方吊柜，下方储柜
座椅	5	带靠背，可升降，可移动
工作台	5	L 形桌
圆凳	4	直径 380 mm
洗手盆	1	防水板、纸巾盒、洗手液、镜子（可选）

出入院手续室设备配置清单见表 2-14。

表 2-14　出入院手续室设备配置清单

设备名称	数量	备注
电脑设备	5	包括显示器、主机、打印机
显示屏	5	尺度据产品型号
监控	5	尺度据产品型号

第三章 医技系列

一、过敏原检测治疗室

1. 过敏原检测治疗室功能简述

过敏原检测是帮助过敏性疾病患者找到引发过敏原因的一种筛查手段。过敏反应也称"变态反应性疾病"，主要包括过敏性鼻炎、过敏性哮喘、过敏性皮炎、结膜炎等。

过敏原检测诊断方法主要有皮肤点刺试验、斑贴试验、血清特异性 IgE 检测等。过敏原检测室一般设在耳鼻喉科、皮肤科或变态反应科诊区。

2. 过敏原检测治疗室主要行为说明

过敏原检测治疗室主要行为见图 3-1。

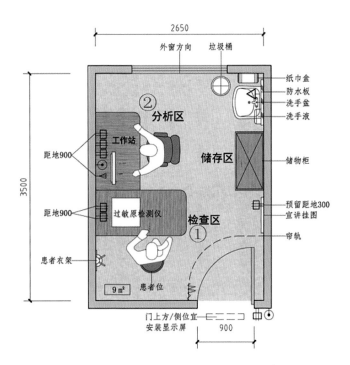

图 3-1　过敏原检测治疗室主要行为示意

过敏原检测治疗室布局三维示意见图 3-2。

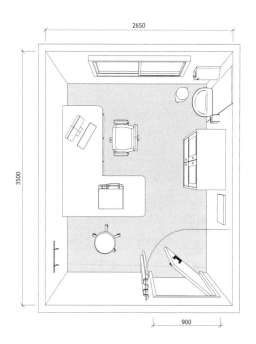

图 3-2　过敏原检测治疗室布局三维示意

（1）过敏原检测房间分检查区、分析区。检查区设置过敏原检测仪、患者位、治疗桌、隔帘等。可通过皮肤点刺试验、斑贴试验或过敏原检测仪进行检测。

皮肤点刺试验（图 3-3）是根据点刺液与阳性对照比值判定过敏反应级别。患者坐位进行，检查区需设置治疗桌。点刺液需在 2 ~ 8 ℃条件下保存，房间还需设置冰箱。点刺后需观察 15 ~ 20 分钟，因此检测室附近应设置患者观察等候座椅。

图 3-3　过敏原皮肤点刺试验

皮肤斑贴试验（图3-4）是将可疑致敏物质敷贴于患者皮肤上，在皮肤上观察一段时间后，根据皮肤对接触物的反应判断是否对这种物质过敏。检测时注意保护患者隐私。

过敏原检测仪是敏筛过敏源检测系统采用免疫印迹方法，定量检测人血清中过敏原特异性 IgE 抗体（sIgE）的一种皮肤病检测仪器（图3-5）。目前临床中还使用生物共振原理和技术进行变应原的检测和脱敏治疗。

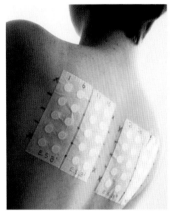

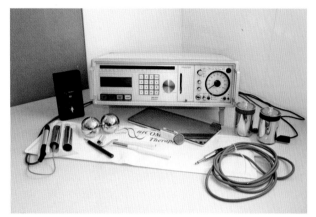

图3-4　皮肤斑贴试验　　　　　　　　　　　　　　　　图3-5　过敏原检测仪

（2）分析区设置医生工作站，对检测结果进行分析、录入。

3. 过敏原检测治疗室家具、设备配置

过敏原检测治疗室家具配置清单见表3-1。

表3-1　过敏原检测治疗室家具配置清单

家具名称	数量	备注
诊桌	1	宜圆角
诊椅	1	带靠背，可升降，可移动
洗手盆	1	防水板、纸巾盒、洗手液、镜子（可选）
垃圾桶	1	—
储物柜	1	尺度据产品型号
衣架	2	尺度据产品型号
圆凳	1	直径380 mm

过敏原检测治疗室设备配置清单见表 3-2。

表 3-2　过敏原检测治疗室设备配置清单

设备名称	数量	备注
工作站	1	包括显示器、主机、打印机
过敏原检测仪	1	存储 36 类，共计 1000 多种常见过敏原

二、康复 OT 室

1. 康复 OT 室功能简述

第二次世界大战后，由于康复医学的兴起，尤其是全面康复观念的提出，作业疗法的工作重点由对精神病的治疗发展到对残疾的康复治疗上，着眼于身体功能的恢复及职业和劳动能力的恢复。

OT（ occupational therapy，作业疗法 ）室，是指进行作业疗法的治疗房间，即作业治疗室，一般设在康复医学科。主要针对各种不同程度的功能障碍和瘫痪进行相关作业治疗和训练，使患者最大限度地恢复或提高独立生活和工作能力（图 3-6 ）。

图 3-6　康复 OT 室（区）

2. 康复 OT 室主要行为说明

康复 OT 室主要行为见图 3-7。

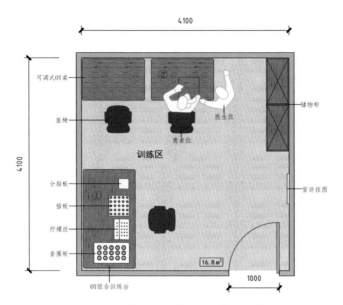

图 3-7 康复 OT 室主要行为示意

康复 OT 室布局三维示意见图 3-8。

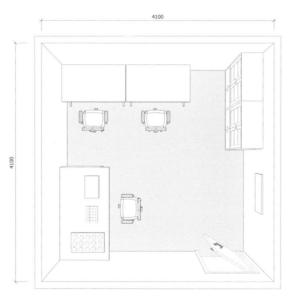

图 3-8 康复 OT 室布局三维示意

康复患者一般需要先在 PT（物理疗法）室实现运动功能的初步恢复，然后到 OT 室进行动作的精确训练，所以 OT 室宜设在 PT 大厅内，区域独立（图 3-9）。

（1）训练区设置 OT 组合训练台，包括各种作业训练器，套圈板、拧螺丝板等（图 3-10），用于提高协调性、灵活性，矫正畸形等。

（2）训练区设置可调式 OT 桌，用于其他作业训练，高度可根据患者所需进行调节。还包括职业训练及日常生活训练方面的作业疗法，如进食、梳饰、如厕、更衣等。OT 室需考虑安全性及无障碍设计，地面防滑，房间通风良好、温度适宜（图 3-11）。

图 3-9　康复大厅 OT 区

图 3-10　OT 组合作业训练台

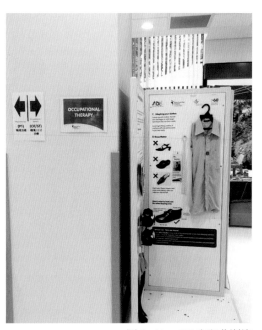

图 3-11　OT 室职业训练

3. 康复 OT 室家具、设备配置

康复 OT 室家具配置清单见表 3-3。

表 3-3　康复 OT 室家具配置清单

家具名称	数量	备注
OT 桌	2	宜圆角，高度可调
座椅	3	带靠背，可升降
OT 组合训练台	1	尺度据产品型号

康复 OT 室设备配置清单见表 3-4。

表 3-4　康复 OT 室设备配置清单

家具名称	数量	备注
手功能组合训练箱	2	OT 桌组合训练桌上设备

三、取精室

1. 取精室功能简述

生殖医学中心是开展人类辅助生殖技术的专业医疗专科。取精室主要是生殖医学中心用于取精的配套用房，其应与精液处理室相邻，设置互锁传递窗。出于对患者隐私的保护，该房间需按单人间设置。而且因精子对光线敏感，强光易造成精子死亡，房间灯光需特殊设计，灯光亮度需可调。

2. 取精室主要行为说明

取精室主要行为见图 3-12。

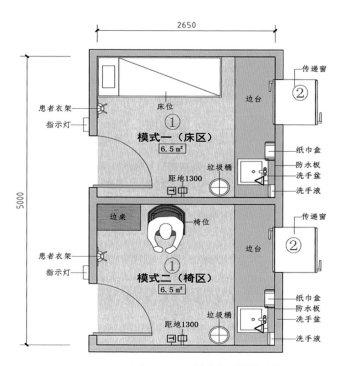

图 3-12　取精室主要行为示意

取精室布局三维示意见图 3-13。

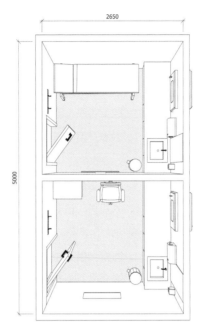

图 3-13　取精室布局三维示意

（1）室内放置一张床或一把座椅，房间隐私保护要求较高，可采取门上方 / 侧位安装指示灯等措施。同时，设置边台、洗手盆等设施。

（2）由于精子极易受温度、射线等外界因素的影响，为保证精子质量，取出的精子需在一定时间内经过处理而进行保存。因此，取精室通常与"洗精室"相连，需设置互锁传递窗（图 3-14）。

图 3-14　互锁传递窗

3. 取精室家具、设备配置

取精室家具配置清单见表 3-5。

表 3-5 取精室家具配置清单

家具名称	数量	备注
衣架	1	尺度据产品型号
边台	1	宜圆角
洗手盆	1	防水板、纸巾盒、洗手液、镜子
垃圾桶	1	直径 300 mm
诊床 / 座椅	1	尺度据产品型号

取精室设备配置清单见表 3-6。

表 3-6 取精室设备配置清单

设备名称	数量	备注
电视机	1	录像机或电脑设备可选
互锁传递窗	1	可选蜂鸣器、对讲机

四、骨髓穿刺室

1. 骨髓穿刺室功能简述

骨髓穿刺是采集骨髓液的一种常用诊断技术，协助诊断血液系统疾病和感染性疾病（传染病、寄生虫病、细菌感染等）。

骨髓穿刺室是用于检查取样操作的医疗功能用房。通常是在患者局部麻醉的情况下进行，有一定的创伤性，因此室内需相对洁净。

2. 骨髓穿刺室主要行为说明

骨髓穿刺室主要行为见图 3-15。

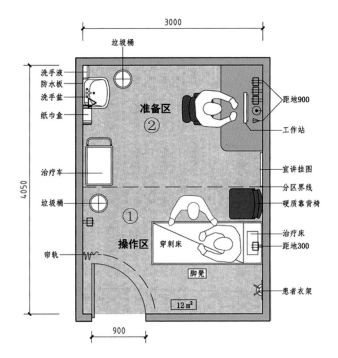

图 3-15　骨髓穿刺室主要行为示意

骨髓穿刺室布局三维示意见图 3-16。

图 3-16　骨髓穿刺室布局三维示意

（1）操作区可进行骨髓穿刺、胸腔穿刺、腰椎穿刺、腹腔穿刺等操作。设置诊床、靠背椅、隔帘等，注意保护患者隐私。操作开始时，患者可根据自身病情、穿刺部位及操作的安全便利性采取合适的体位，操作过程中医生需严密观察患者病情变化。

（2）穿刺开始前医生需准备穿刺用的药品、器械等，准备区设置工作站、药品器械柜、治疗推车等，同时设置洗手盆，满足操作前后洗手的需求。

房间内需保证一定的洁净度，通常可采用紫外线灯照射等办法消毒。

3. 骨髓穿刺室家具、设备配置

骨髓穿刺室家具配置清单见表3-7。

表 3-7　骨髓穿刺室家具配置清单

家具名称	数量	备注
诊桌	1	宜圆角
诊床	1	宜安装一次性床垫卷筒纸
脚凳	1	—
座椅	1	带靠背，可升降，可移动
衣架	1	尺度据产品型号
帘轨	1	尺度据产品型号
洗手盆	1	防水板、纸巾盒、洗手液、镜子（可选）
治疗车	1	尺度据产品型号
患者椅	1	硬质带靠背
储物柜	1	尺度据产品型号

骨髓穿刺室设备配置清单见表3-8。

表 3-8　骨髓穿刺室设备配置清单

设备名称	数量	备注
工作站	1	包括显示器、主机、打印机

五、自采血室

1. 自采血室功能简述

自采血室即贮存式自身输血采血室，术（产）前一定时间采集患者自身的血液进行保存，在术中、产前或产时输用，这样既可以保留输血的优点，又可以避免输异体血引起的输血反应危险。

自采血室是医院输血科的非标配房间，需根据项目当地对输血科（血库）的基本标准要求或管理规范明确是否设置。

2. 自采血室主要行为说明

自采血室主要行为见图 3-17。

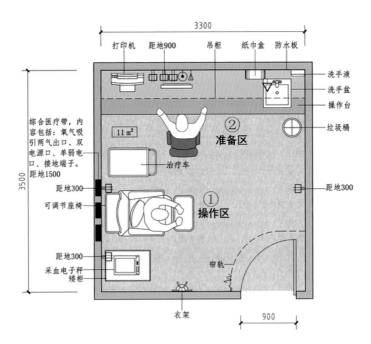

图 3-17　自采血室主要行为示意

自采血室布局三维示意见图 3-18。

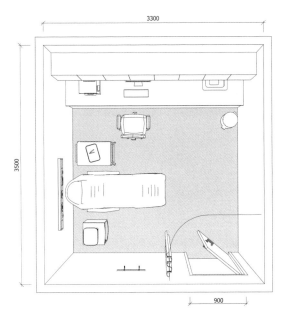

图 3-18　自采血室布局三维示意

（1）操作区设置可调节座椅、采血电子秤、综合医疗设备带等，护士在此区域完成采血操作。采血过程中护士需注意观察患者个体情况，采血完成后继续观察至患者无不良反应后方可让其离开。

（2）采血前护士需进行药品、器械、物品等的准备，同时需进行手部洁净。准备区设置工作站、药品器械柜、治疗推车、洗手盆等。

3. 自采血室家具、设备配置

自采血室家具配置清单见表 3-9。

表 3-9 自采血室家具配置清单

家具名称	数量	备注
吊柜操作台	1	现场测量定制
座椅	1	带靠背，可升降，可移动
洗手盆	1	防水板、纸巾盒、洗手液、镜子（可选）
垃圾桶	1	直径 300 mm
帘轨	1	L 形
衣架	1	尺度据产品型号
可调节座椅	1	尺度据产品型号
矮柜	1	尺度据产品型号
治疗车	1	尺度据产品型号

自采血室设备配置清单见表 3-10。

表 3-10 自采血室设备配置清单

设备名称	数量	备注
工作站	1	包括显示器、主机、打印机

六、日间化疗室

1. 日间化疗室功能简述

日间化疗是指肿瘤患者以"白天治疗，晚上回家静养"的方式轻松接受化疗。患者可以根据化疗方案定时来医院的日间化疗中心接受治疗，这是近年来传统医学模式向"医学－心理－社会"的现代医学模式转变的自然结果（图 3-19）。

在我国，随着门诊就诊及出院总人次逐年增加、平均住院日缩短等，日间化疗

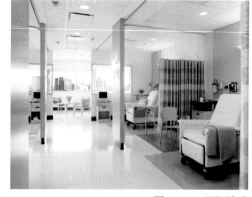

图 3-19 日间治疗

病房的流行满足了患者及时接受化疗和节约医疗成本的需求，提高了患者及家属的生活质量，同时分流住院患者，使病房床位资源得到合理且充分的利用，提高了医院的运行效率。这是一种患者、社会、医院三方互惠的合理模式。

由于日间化疗室用于对肿瘤患者进行日间化疗的医疗操作，宜为单人隔间形式（图 3-20），提供温馨的高端服务，最终模式可根据项目要求进行具体确定。根据医疗行为特点，分为治疗区、准备区和陪护区，进行相应家具设备配置。

2. 日间化疗室主要行为说明

日间化疗室主要行为见图 3-21。

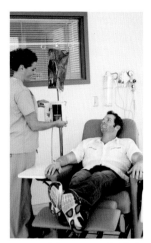

图 3-20 日间化疗

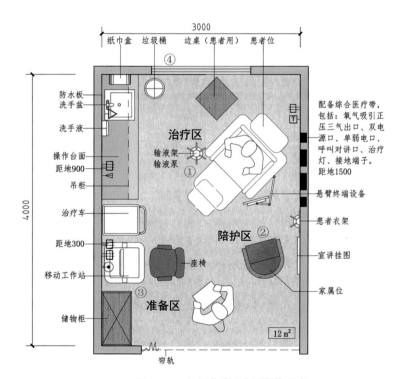

图 3-21 日间化疗室主要行为示意

日间化疗室布局三维示意见图 3-22。

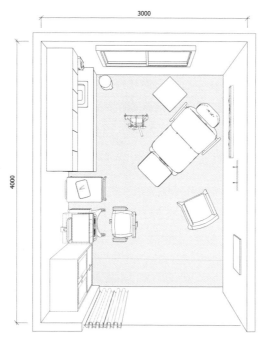

图 3-22　日间化疗室布局三维示意

（1）治疗区：患者进行化疗药物输注的区域。设置输液座椅、综合医疗设备带、输液泵、输液架等，由于治疗时间可能较长，输液椅配备娱乐终端设备，包括视频、音频播放，缓解患者紧张、焦虑情绪。

（2）陪护区的设置体现了更加人性化的人文关怀，化疗过程中家属的陪伴能够让患者感受到家人的关怀，减轻了患者心理上的恐惧、寂寞。此区应设置家属陪护椅、相关知识的宣讲挂图等。

（3）准备区：护士接收到已经配剂好的化疗药物后，在此再次进行处方与药物的核对，以及输液用品准备。此区应设移动工作站、储物柜、治疗推车、操作台、洗手盆等。

（4）由于此房间治疗人群的特殊性，从患者和家属的心理感受因素考虑，设置外窗，增加房间采光效果。

3. 日间化疗室家具、设备配置

日间化疗室家具配置清单见表 3-11。

表 3-11 日间化疗室家具配置清单

家具名称	数量	备注
洗手盆	1	防水板、纸巾盒、洗手液、镜子（可选）
帘轨	1	直线型
操作台	1	尺度据产品型号
储物柜	1	尺度据产品型号
诊椅	1	带靠背，可升降，可移动
家属座椅	1	带靠背
输液椅	1	尺度据产品型号
边桌	1	宜圆角
治疗推车	1	尺度据产品型号
输液架	1	尺度据产品型号

日间化疗室设备配置清单见表 3-12。

表 3-12 日间化疗室设备配置清单

设备名称	数量	备注
移动工作站	1	包括显示器、主机、打印机
电视机	1	尺度据产品型号
医疗设备带	1	尺度据产品型号
输液泵	1	尺度据产品型号

七、标准手术室

1. 标准手术室功能简述

　　首例麻醉下的手术诞生于 1846 年的一位美国齿科医生手中。这揭开了手术室历史的序幕。20 世纪中期，病房开始集中化，手术室也进入了集中型手术室（Central Type OPR）的时代。今天，医学的飞速发展提供了一个崭新的医疗环境，手术室进入了第四个时代——洁净手术室时代。当然，随着科技的进步，现有设备的数字化、信息化功能不断提升，第五代手术室——数字化手术室也日益兴起（图 3-23）。

图 3-23 手术室

　　手术室是医院的重要医技部门，宜临近重症医学科、临床手术科室、病理科、输血科（血库）、消毒供应中心等部门，周围环境安静、清洁，不宜设在首层和高层建筑的顶层。建筑布局应当遵循医院感染预防与控制的原则，做到布局合理、分区明确（洁净区与非洁净区之间的联络必须设缓冲室或传递窗）、标识清楚，符合功能流程合理和洁污区域分开的基本原则，设工作人员出入通道、患者出入通道，物流做到洁污分开，流向合理（图 3-24）。

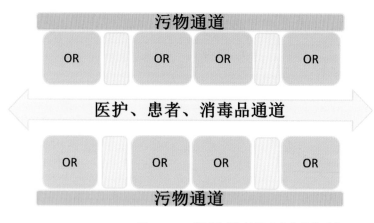

图 3-24　"双廊式"洁净手术室动线示意

　　按照净化的不同级别分为 I 级手术间（空气洁净度手术区 5 级、周边区 6 级）、II 级手术间（空气洁净度手术区 6 级、周边区 7 级）、III 级手术间（空气洁净度手术区 7 级、周边区 8 级）、IV 级手术室（空气洁净度 8.5 级），室内需严格控制细菌数和麻醉废气气体浓度。

2. 标准手术室主要行为说明

　　标准手术室主要行为见图 3-25。

　　标准手术室布局三维示意见图 3-26。

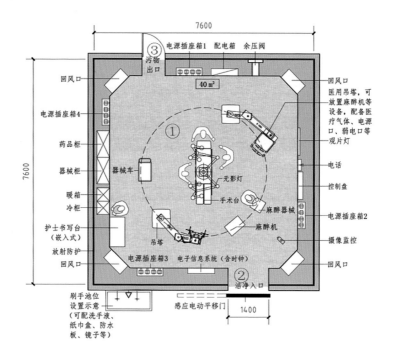

图 3-25 标准手术室主要行为示意

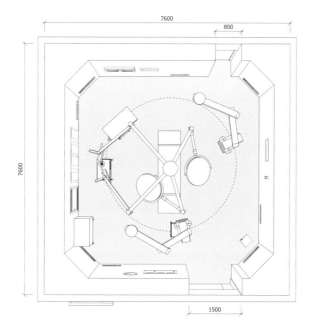

图 3-26 标准手术室布局三维示意

（1）手术区：医生进行手术的区域，需设置无影灯、手术台、医用吊塔、麻醉设备、监护仪等设备（图 3-27）。手术区域对人员站位、人流动线、物流动线、空气洁净度要求较高。

观片灯应设置在手术医生对面的墙上。手术台长向宜沿手术室长轴布置，患者头部不宜设置在手术室门一侧。设置医用气体终端装置。

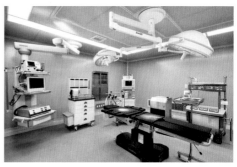

图 3-27　手术区主要设备

（2）手术开始前，医护人员通过洁净通道（图 3-28），进行刷手准备，再进入手术室，穿戴手术衣、手套。

（3）手术后产生的医疗垃圾和污物通过污物出口进入污物廊（此通道有洁净度要求），再转运到医疗垃圾分类暂存间，保证了洁污分流，流向合理。

图 3-28　手术室洁净通道

3. 标准手术室家具、设备配置

标准手术室家具配置清单见表 3-13。

标准手术室设备配置清单见表 3-14。

表 3-13　标准手术室家具配置清单

家具名称	数量	备注
刷手池	1	防水板、纸巾盒、洗手液、镜子（可选）
器械柜	1	嵌入式，尺度据产品型号
药品柜	1	嵌入式，尺度据产品型号
书写台	1	嵌入式，尺度据产品型号
器械车	2	尺度据产品型号

表 3-14 标准手术室设备配置清单

设备名称	数量	备注
手术台	1	质量 160 kg，最大承重 350 kg，功率 150 W
无影灯	1	质量 38 kg，功率 180 W（参考）
观片灯	1	嵌入式多联，可分控
监护仪	1	尺度据产品型号
麻醉设备	1	尺度据产品型号
吊塔	2	承重 120～200 kg（参考）
暖箱	1	尺度据产品型号
冰柜	1	尺度据产品型号
监控摄像头	1	尺度据产品型号

八、骨科手术室

1. 骨科手术室功能简述

骨科手术室是进行骨科手术的场所，如关节置换手术、脊柱手术等，其对无菌的要求远高于普通洁净手术室。手术室大小根据使用性质而定，骨科手术因参加手术的人员多，各种仪器设备多，如移动 C 形臂 X 射线机等，因此要有较大的面积。

针对移动 C 形臂 X 射线机在骨科手术中的运用，应遵循《医用 X 射线诊断放射防护要求》GBZ 130—2013 的相关规定，并制定相应环境评价报告。

2. 骨科手术室主要行为说明

骨科手术室主要行为见图 3-29。

骨科手术室布局三维示意见图 3-30。

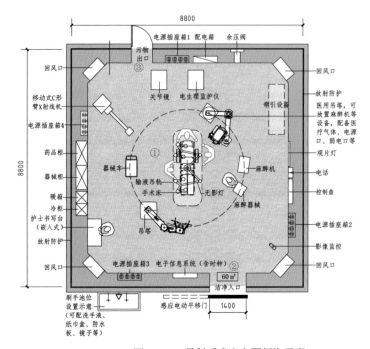

图 3-29　骨科手术室主要行为示意

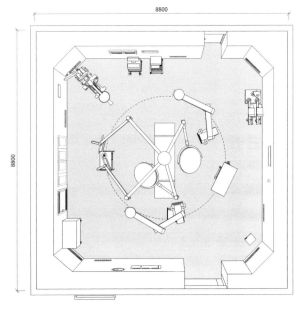

图 3-30　骨科手术室布局三维示意

（1）手术区：医生为病人进行骨科手术的区域，需设置无影灯、手术台、医用吊塔、麻醉设备、监护仪、移动C形臂X射线机（图3-31）、观片灯、牵引设备、关节镜等。手术区域对人员站位、人流动线、物流动线、空气洁净度要求较高。

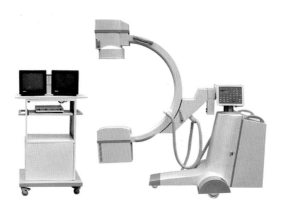

图3-31 移动C形臂X射线机

（2）术前，医护人员通过洁净通道，进行刷手准备，再进入手术室，穿戴手术衣、手套。

（3）手术后产生的医疗垃圾和污物通过污物出口进入污物廊（此通道有洁净度要求），再转运到医疗垃圾分类暂存间，保证了洁污分流，流向合理。

3. 骨科手术室家具、设备配置

骨科手术室家具配置见表3-15。

表3-15 骨科手术室家具配置清单

家具名称	数量	备注
刷手池	1	防水板、纸巾盒、洗手液、镜子（可选）
器械柜	1	嵌入式，尺度据产品型号
药品柜	1	嵌入式，尺度据产品型号
书写台	1	嵌入式，尺度据产品型号
器械车	2	尺度据产品型号

骨科手术室设备配置清单见表 3-16。

表 3-16　骨科手术室设备配置清单

设备名称	数量	备注
手术台	1	质量 160 kg，最大承重 350 kg，功率 150 W
无影灯	1	质量 38 kg，功率 180 W（参考）
观片灯	1	嵌入式多联，可分控，尺度据产品型号
监护仪	1	尺度据产品型号
麻醉设备	1	尺度据产品型号
吊塔	2	承重 120 ~ 200 kg（参考）
关节镜	1	尺度据产品型号
牵引设备	1	尺度据产品型号
移动 X 射线机	1	移动 C 形臂 X 射线机，质量 329 kg

九、眼科激光手术室

1. 眼科激光手术室功能简述

眼科激光手术室是眼科准分子激光手术使用的功能用房。准分子激光手术一般用于治疗近视，具有损伤小、精确度高、可预测性强、并发症少、适应症广等优点，通过切削中央区角膜组织使之变平，来达到矫正近视的目的，此外还能矫正远视和散光。

眼科激光手术室的建设也应遵循《综合医院建筑设计规范》GB 51039—2014 和《医院洁净手术部建筑技术规范》GB 50333—2013 等规范的要求，室内需严格控制细菌数，使用层流超净装置对空气进行处理，建筑布局合理、分区明确（图 3-32）。

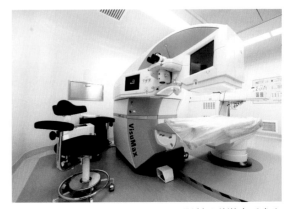

图 3-32　眼科飞秒激光手术室

2. 眼科激光手术室主要行为说明

眼科激光手术室主要行为见图 3-33。

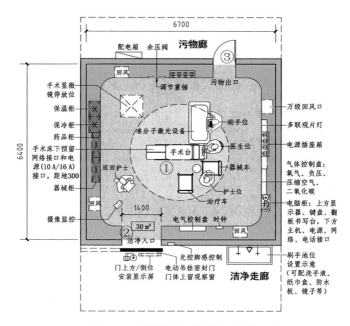

图 3-33　眼科激光手术室主要行为示意

眼科激光手术室布局三维示意见图 3-34。

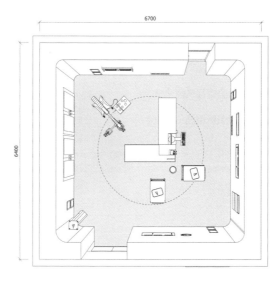

图 3-34　眼科激光手术室布局三维示意

（1）手术区：医生进行手术的区域，需设置手术台、麻醉设备、准分子激光设备（图3-35）、显微镜、观片灯等。手术区域对人员站位、人流动线、物流动线、空气洁净度要求较高。

（2）医护人员通过洁净通道，进行刷手准备，再进入手术室，穿戴手术衣、手套。

（3）手术后产生的医疗垃圾和污物通过污物出口进入污物廊（此通道有洁净度要求），再转运到医疗垃圾分类暂存间，保证了洁污分流，流向合理。

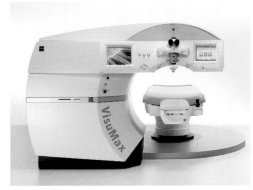

图3-35　飞秒激光治疗仪

3. 眼科激光手术室家具、设备配置

眼科激光手术室家具配置清单见表3-17。

表3-17　眼科激光手术室家具配置清单

家具名称	数量	备注
刷手池	1	防水板、纸巾盒、洗手液、镜子（可选）
器械柜	1	嵌入式，尺度据产品型号
药品柜	1	嵌入式，尺度据产品型号
器械车	1	尺度据产品型号
治疗车	1	尺度据产品型号

眼科激光手术室设备配置清单见表3-18。

表3-18　眼科激光手术室设备配置清单

设备名称	数量	备注
手术台	1	承重200 kg，功率1.5 kW（参考）
无影灯	1	质量38 kg，功率180 W（参考）
观片灯	1	嵌入式多联，可分控
监护仪	1	尺度据产品型号
麻醉设备	1	尺度据产品型号
准分子设备	1	尺度据产品型号

十、碎石室

1. 碎石室功能简述

体外碎石即体外冲击波碎石术，是通过体外碎石机产生冲击波，由机器聚焦后对准结石，经过多次释放能量而击碎体内的结石，使之随尿液排出体外。较药物排石、手术取石有独特的优势，是目前泌尿系结石的首选治疗方法。

碎石室（图3-36）需辅助配置定位系统，定位系统包括X射线或超声，一般情况下需要两者结合进行定位。房

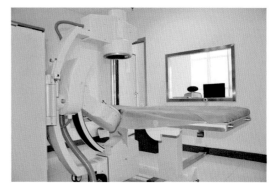

图 3-36　体外碎石治疗室

间需要采取放射防护措施并符合《医用X射线诊断放射防护要求》GBZ 130—2013等相关防辐射规范要求。房间空间尺度与设备具体品牌及型号有关。

2. 碎石室主要行为说明

碎石室主要行为见图 3-37。

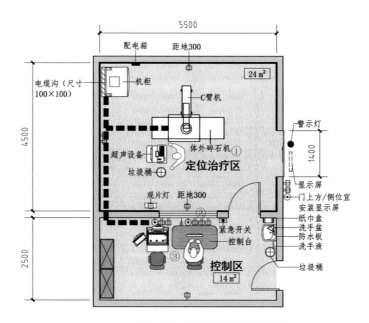

图 3-37　碎石室主要行为示意

碎石室布局三维示意见图 3-38。

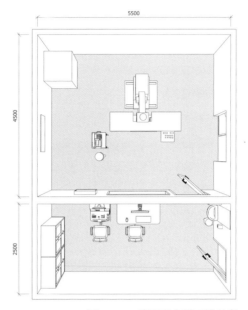

图 3-38　碎石室布局三维示意

（1）定位治疗区：患者进行结石定位、碎石治疗的区域，设置体外冲击波碎石机（图 3-39）、定位设备等，应注意碎石机的摆放位置，便于通过观察窗观察患者的情况。室内布局合理，不得堆放与诊断、治疗工作无关的杂物。治疗室门上应设置电离辐射警示标志，有醒目的工作指示灯和相应 X 射线防护的告示。

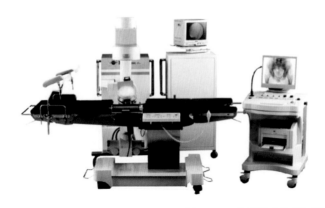

图 3-39　体外冲击波碎石机

（2）观察窗：在控制区与治疗区的隔墙上要设一个大小适宜、位置合适的观察窗，观察窗要使用1 mm铅当量的铅玻璃进行防护。

（3）控制区：医生对碎石治疗进行操作控制的区域，配备控制台、工作站、洗手盆等设施。需与治疗区有便捷的沟通条件。

3. 碎石室家具、设备配置

碎石室家具配置清单见表3-19。

表3-19　碎石室家具配置清单

家具名称	数量	备注
洗手盆	1	防水板、纸巾盒、洗手液、镜子（可选）
座椅	2	带靠背，可升降，可移动
操作台	1	宜圆角
垃圾桶	1	尺度据产品型号
工作台	1	尺度据产品型号

碎石室设备配置清单见表3-20。

表3-20　碎石室设备配置清单

设备名称	数量	备注
警示灯	1	治疗期间警示灯处于开启状态
体外碎石机	1	功率2 kW（参考）
超声	1	尺度据产品型号
机柜	1	尺度据产品型号
观片灯	1	（单联）医用观片灯

十一、胃肠动力检测室

1. 胃肠动力检测室功能简述

胃肠动力检测是针对胃肠道功能性疾病，尤其是动力异常性疾病的一种检测手段，主要进行胃肠部肌肉收缩蠕动力，包括胃肠部肌肉收缩的力量和频率的检测。

2. 胃肠动力检测室主要行为说明

胃肠动力检测室主要行为见图 3-40。

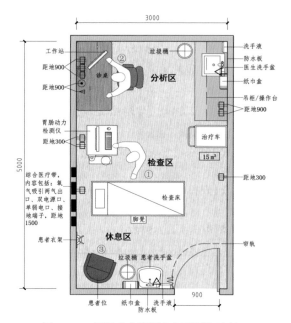

图 3-40　胃肠动力检测室主要行为示意

胃肠动力检测室布局三维示意见图 3-41。

图 3-41　胃肠动力检测室布局三维示意

（1）检查区：设置检查床、胃肠动力检测仪、治疗车等，检查床床头配备综合医疗设备带，包括氧气、正负压吸引等。检查过程中患者保持舒适体位，减少运动所致误差。

（2）分析区：医生对患者病情及检测情况进行记录、分析诊断并打印出具报告的区域，配备工作站、洗手盆等设施。

（3）休息区：供患者在检查前后休息，配备患者休息椅、患者衣架、洗手盆等，此区临近房间出入口设置。

3. 胃肠动力检测室家具、设备配置

胃肠动力检测室家具配置清单见表 3-21。

表 3-21　胃肠动力检测室家具配置清单

家具名称	数量	备注
诊桌	1	宜圆角
洗手盆	2	防水板、纸巾盒、洗手液、镜子（可选）
治疗车	1	尺度据产品型号
医生椅	1	带靠背，可升降，可移动
衣架	1	尺度据产品型号
检查床	1	尺度据产品型号
患者椅	1	带靠背，可移动
垃圾桶	1	直径 300 mm

胃肠动力检测室设备配置清单见表 3-22。

表 3-22　胃肠动力检测室设备配置清单

设备名称	数量	备注
工作站	1	包括显示器、主机、打印机
胃肠检测仪	1	尺度据产品型号
医疗设备带	1	尺度据产品型号

十二、动脉硬化检查室

1. 动脉硬化检查室功能简述

动脉硬化检测宜应用美国心脏学会所设定的 ABI（踝臂指数：评估动脉阻塞的参数）和 PWV（CAVI）（脉搏波速度：评估动脉硬化的参数）两个指数在进行心电图和心音图检测的同时，测量四肢血压和脉搏波波形来判读有无动脉硬化，是一种较安全、较准确、较舒适的无创伤检测方法，起到帮助人们对血管性疾病早预防、早检测、早诊断、早治疗的作用（图3-42）。

动脉硬化检查室与血管性疾病相关门诊有直接联系，建议设置在相关门诊区域。原则上为一室一机。

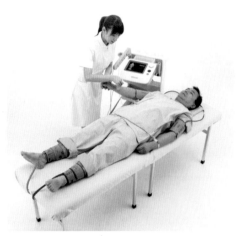

图3-42　动脉硬化检测示意

2. 动脉硬化检查室主要行为说明

动脉硬化检查室主要行为见图3-43。

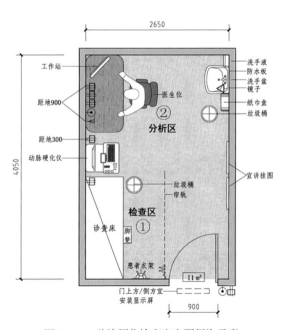

图3-43　动脉硬化检查室主要行为示意

动脉硬化检查室布局三维示意见图3-44。

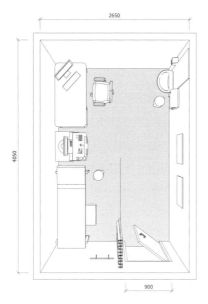

图3-44 动脉硬化检查室布局三维示意

（1）检查区：设置检查床、动脉硬化检测仪（图3-45）、患者衣架等。建议设置隔帘，注意保护患者隐私。受检者在检测前先休息，之后以仰卧位平躺于检查床上，检测过程中勿移动体位，以免影响检测结果。

（2）分析区：医生对患者的血管检测情况进行记录、分析诊断并打印出具报告的区域，配备工作站等设施。

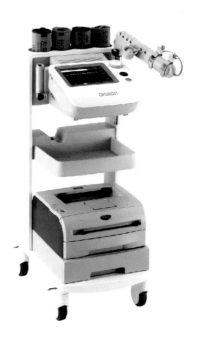

图3-45 动脉硬化检测仪

3. 动脉硬化检查室家具、设备配置

动脉硬化检查室家具配置清单见表 3-23。

表 3-23　动脉硬化检查室家具配置清单

家具名称	数量	备注
诊桌	1	宜圆角
洗手盆	1	防水板、纸巾盒、洗手液、镜子（可选）
诊床	1	宜安装一次性床垫卷筒纸
座椅	1	带靠背，可升降，可移动
衣架	1	尺度据产品型号
脚凳	1	高度 200 mm
帘轨	1	直线型
垃圾桶	1	直径 300 mm

动脉硬化检查室设备配置清单见表 3-24。

表 3-24　动脉硬化检查室设备配置清单

设备名称	数量	备注
工作站	1	包括显示器、主机、打印机
动脉硬化检测仪	1	功率 150 W

十三、肠镜检查室

1. 肠镜检查室功能简述

肠镜检查是利用结肠镜经肛门进入直肠，直到大肠，以观察结肠和大肠内部情况，是目前诊断大肠黏膜及结肠内部病变的最佳选择。整个检查过程在 20 ~ 30 min。

电子肠镜的全长在 140 ~ 160 cm，它是通过安装于肠镜前端的电子摄像探头将大肠黏膜的图像传输到电子计算机处理中心，后显示于监视器屏幕上，可观察到大肠黏膜的微小变化。

肠镜检查室设置于内镜中心，应自成一区，与门诊楼有便捷的联系。因肠镜检查前需要做肠道准备，如服药、灌洗等，所以检查室附近需要配置专用卫生间、更衣室及等候区，同

时要注意保护患者的隐私。

2. 肠镜检查室主要行为说明

肠镜检查室主要行为见图 3-46。

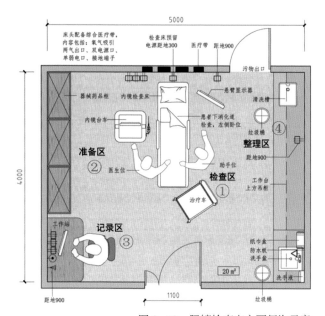

图 3-46　肠镜检查室主要行为示意

肠镜检查室布局三维示意见图 3-47。

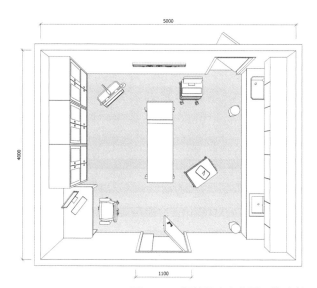

图 3-47　肠镜检查室布局三维示意

肠镜检查室原则上一室一机。根据医疗行为将内部分为四区，分别为准备区、检查区、记录区和整理区。

（1）检查区：设置内镜检查床、治疗车、肠镜检查系统。床头处配有综合设备带，包括氧气及负压吸引装置。应留有医生位及助手位空间，左右各一。检查床应设于房间中央，便于从四周各面进行操作（图3-48）。

电子肠镜一般设置于检查床床头处，要求操作室内的光线明暗适中，应安装可调节的日光灯，采光过强者可安装遮光性较好的窗帘或者百叶窗，使室内光线变暗，便于内镜图像观察。

传统的肠镜检查均采用左侧卧位，但也有一些文献报道，右侧卧位较左侧卧位在结肠镜检查中进镜时间更短且更舒适，因此可根据实际需要来调节设备位置以及医生和助手的位置（图3-49）。

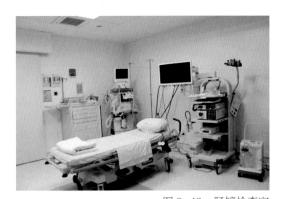 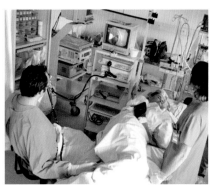

图 3-48　肠镜检查室　　　　　　　　　　　　　图 3-49　肠镜检查

（2）准备区：设有内镜台车、器械、药品柜，主要用于内镜检查前器械及药品的准备。

（3）记录区：设有医生工作站，此区主要进行检查数据的记录、分析，最终出具检查报告。应提前预留线路接口。

（4）整理区：设有垃圾桶、整理台和清洗池，并就近设立污物出口，做好洁污分区。内镜的清洗消毒房间应独立设置，并符合院感管理要求。

目前，越来越多的患者会选择无痛胃肠镜检查。它是通过使用药物引起中枢抑制，从而使患者安静、不焦虑，可提高患者的耐受力，降低应激反应，从而消除恐惧感和不适感，使内镜检查与治疗操作得以顺利进行。

此外，随着检查技术的不断提升，单人肠镜已逐渐取代双人肠镜，即一名医生即可完成检查操作，同时进行内镜下的各种精细治疗。

3. 肠镜检查室家具、设备配置

肠镜检查室家具配置清单见表3-25。

表 3-25　肠镜检查室家具配置清单

家具名称	数量	备注
检查床	1	宜安装一次性床垫转筒纸
洗手盆	1	防水板、纸巾盒、洗手液、镜子（可选）
垃圾桶	2	尺度据产品型号
清洗槽	1	尺度据产品型号
工作台	1	尺度据产品型号
储物柜	3	尺度据产品型号
治疗车	1	尺度据产品型号
诊桌	1	宜圆角

肠镜检查室设备配置清单见表 3-26。

表 3-26　肠镜检查室设备配置清单

设备名称	数量	备注
工作站	1	包括显示器、主机、打印机
小肠镜	1	全长 2300 mm
医疗设备带	1	尺度据产品型号
悬臂显示器	1	尺度据产品型号

十四、红外乳透室

1. 红外乳透室功能简述

红外乳透室是设立在乳腺门诊的较为常见的功能性房间，主要针对女性患者检查而设立，常与乳腺外科门诊的其他检查类房间统筹考虑，为患者提供更加便捷的服务。

乳透检查时会暴露患者隐私部位，因此要设置隔帘或采用屏风遮挡，保护患者隐私，此外还应考虑检查设备的放置位置，为之预留条件。考虑设置二次候诊椅，检查室内应保持安静。

2. 红外乳透室主要行为说明

红外乳透室主要行为见图 3-50。

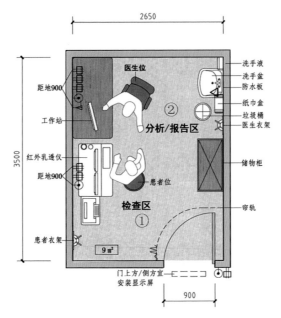

图 3-50　红外乳透室主要行为示意

红外乳透室布局三维示意见图 3-51。

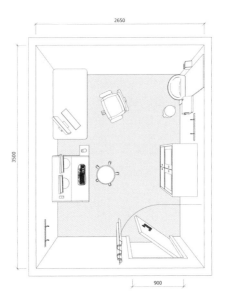

图 3-51　红外乳透室布局三维示意

红外乳透检查是利用红外探头发射的红外光线对乳腺进行扫描的一种检查方法。检查室包括检查区和分析／报告区。

（1）检查区：设有红外乳透仪、患者椅、患者衣架及帘轨，操作需要在暗室内进行，患者取坐位，上身略向前倾 30° 左右，检查时注意保护患者隐私。

红外乳透检测仪（图 3-52）是利用红外光的透光特性对乳腺疾病进行诊断，具有诊断精确、操作方便、使用安全、抗干扰等优点。主要适用于各种乳腺疾病的早期发现和治疗。

（2）分析／报告区：设有工作站、洗手盆等，是医生对检查结果进行分析、诊断并出具报告的区域。

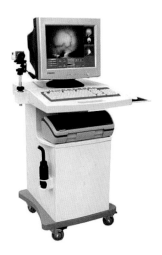

图 3-52　红外乳透检测仪

3. 红外乳透室家具、设备配置

红外乳透室家具配置清单见表 3-27。

表 3-27　红外乳透室家具配置清单

家具名称	数量	备注
诊桌	1	宜圆角
诊椅	1	带靠背，可升降，可移动
洗手盆	1	防水背板、纸巾盒、洗手液、镜子（可选）
垃圾桶	1	直径 300 mm
衣架	2	尺度据产品型号
帘轨	1	L 形
储物柜	1	尺度据产品型号
圆凳	1	直径 380 mm，可升降

红外乳透室设备配置清单见表 3-28。

表 3-28　红外乳透室设备配置清单

设备名称	数量	备注
工作站	1	包括显示器、主机、打印机
显示屏	1	尺度据产品型号
红外乳透仪	1	—

十五、尿动力检查室

1. 尿动力检查室功能简述

尿动力检查室可设于泌尿外科诊区或泌尿外科住院部。尿动力检查是为患者提供治疗方式的依据，是一项较为复杂的检查，此检查属于侵入性操作，为了避免院内感染和交叉感染的发生，要求房间内清洁，通风良好。此外需设置帘轨保护患者隐私，保持室内环境及温度舒适，缓解患者的紧张、焦虑情绪。

此项检查需要放置设备及检查床，应考虑预留条件及床位空间。检查后的患者常会出现膀胱刺激征，因此考虑临近或单独设立卫生间（图 3-53）。

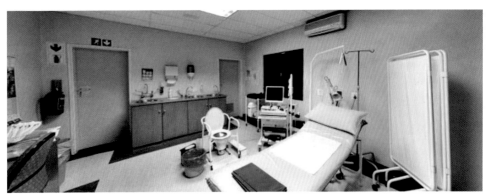

图 3-53　尿动力检查室

2. 尿动力检查室主要行为说明

尿动力检查室主要行为见图 3-54。

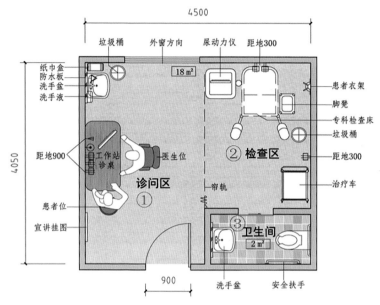

图 3-54　尿动力检查室主要行为示意

尿动力检查室布局三维示意见图 3-55。

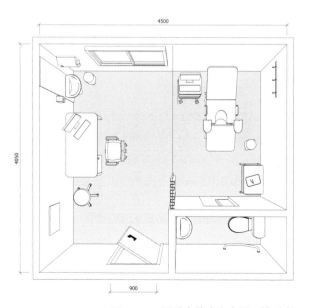

图 3-55　尿动力检查室布局三维示意

（1）诊问区：设置医生工作站、患者位、洗手盆等。医生在此对患者完成问诊及记录，讲解此项检查的目的及相关注意事项，对检查中数据进行记录分析，做出尿动力学诊断。

（2）检查区：设有专用的检查床和尿动力检测仪，检查时患者可根据实际的需要调整变化体位，同时需要保护患者隐私。

尿动力检测仪是根据流体力学原理，采用电生理学方法及传感器技术，来研究储尿和排尿的生理过程及其功能障碍的仪器（图3-56）。

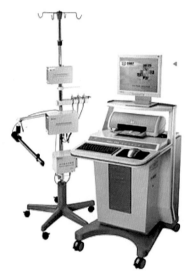

图 3-56　尿动力检测仪

（3）卫生间：尿动力检查后的患者易出现膀胱刺激征，因此在检查室内设有卫生间。同时也能方便检查后尿液的处理。

3. 尿动力检查室家具、设备配置

尿动力检查室家具配置清单见表3-29。

表 3-29 尿动力检查室家具配置清单

家具名称	数量	备注
诊桌	1	宜圆角
诊椅	1	带靠背，可升降，可移动
洗手盆	1	防水背板、纸巾盒、洗手液、镜子（可选）
垃圾桶	1	直径 300 mm
脚凳	1	高度 200 mm
圆凳	1	直径 380 mm，可升降
衣架	1	尺度据产品型号
帘轨	1	直线型 2900 mm

尿动力检查室设备配置清单见表 3-30。

表 3-30 尿动力检查室设备配置清单

设备名称	数量	备注
工作站	1	包括显示器、主机、打印机
专科检查床	1	宜安装一次性床垫卷筒纸
尿动力检测仪	1	包含显示器、彩色打印机

十六、中药煎药室

1. 中药煎药室功能简述

中药煎药室通常作为中药房的附属功能房间，可分为手工煎药和自动煎药两种。房间内需设置通风设备，排出药味和蒸气，地面需做防水防滑处理，还应配备有效的消防设施。

2. 中药煎药室主要行为说明

中药煎药室主要行为见图 3-57。

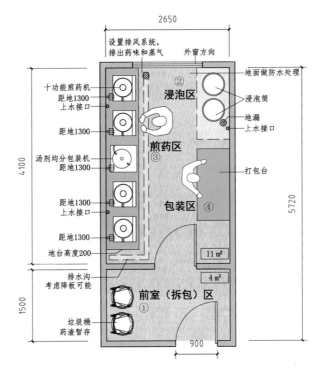

图 3-57　中药煎药室主要行为示意

中药煎药室布局三维示意见图 3-58。

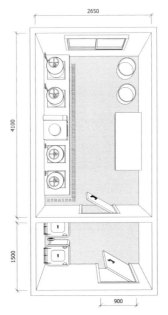

图 3-58　中药煎药室布局三维示意

（1）前室（拆包）区：进行待煎药物拆包以及煎煮后药渣降温、暂存的区域，设置垃圾桶。

（2）浸泡区：先行浸泡待煎药物的区域，设置浸泡筒、上水接口、地漏等，药物的浸泡时间一般不少于 30 分钟。

（3）煎药区：设置上水接口、煎药机、汤剂均分包装机等，每剂药一般煎煮两次，煎煮时间应当根据方剂的功能主治和药物的功效确定（图 3-59）。

图 3-59　煎药区

（4）包装区：将两煎药汁混合后再分装的区域，一般每剂按两份等量分装，或遵医嘱。设置打包台、贮药容器，配备包装药液的材料等，贮药容器应经过清洗和消毒并符合盛放食品要求，包装药液的材料应当符合药品包装材料国家标准。

3. 中药煎药室家具、设备配置

中药煎药室家具配置清单见表 3-31。

表 3-31　中药煎药室家具配置清单

家具名称	数量	备注
浸泡筒	2	尺度据产品型号
打包台	1	尺度据产品型号
垃圾桶	2	尺度据产品型号

中药煎药室设备配置清单见表 3-32。

表 3-32　中药煎药室设备配置清单

设备名称	数量	备注
煎药机	4	质量 80 kg，总功率 2500 W（参考）
均分包装机	1	质量 55 kg，功率 1.6 kW（参考）

十七、支气管镜检查室

1. 支气管镜检查室功能简述

支气管镜检查室（图3-60）属于呼吸内科功能检查用房。支气管镜检查（图3-61）能发现隐藏在气管、支气管及肺内深部的呼吸系统疾病，使患者在没有体表创伤的情况下得以诊断和治疗。支气管镜检查临床应用范围广泛，操作难度不大，一般设置于内镜中心，与门诊有便捷联系。检查室原则上为一室一机，操作间独立，操作和清洗分开，医患通道分开。房间布局、设计在保证安全的提前下，力求整洁舒适，以消除患者的紧张、恐惧感。

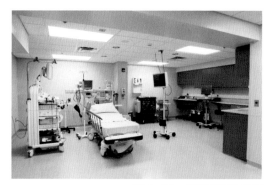

图3-60　支气管镜检查室

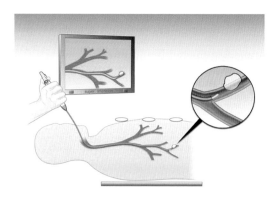

图3-61　支气管镜检查示意

2. 支气管镜检查室主要行为说明

支气管镜检查室主要行为见图3-62。

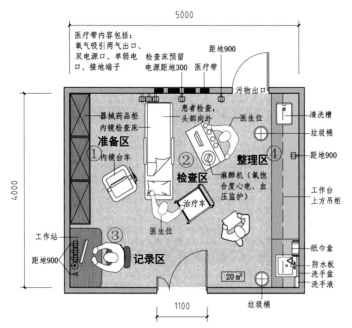

图 3-62　支气管镜检查室主要行为示意

支气管镜检查室布局三维示意见图 3-63。

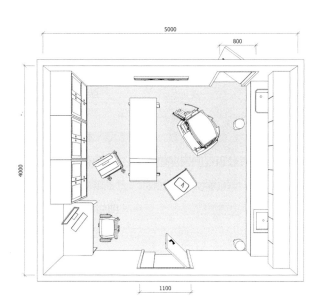

图 3-63　支气管镜检查室布局三维示意

（1）准备区：用于检查前药品、器械的准备，设置工作台、药品器械柜等。

（2）检查区：设置内镜检查床、内镜系统、内窥镜台车、麻醉机及治疗车等。检查床床头配备综合医疗设备带，包括氧气、正负压吸引等。检查时，患者一般取仰卧位，由于医生需要在患者头部进行操作，故床头朝外设置。同时需考虑抢救的需要，应能方便连接设备带。

（3）记录区：设有医生工作站，此区主要进行检查数据的记录、分析，最终出具检查报告。

（4）整理区：设有洗手盆、垃圾桶、整理台和清洗池，并就近设立污物出口，做好洁污分区。

不同系统（呼吸系统、消化系统等）的内镜清洗槽、内镜自动清洗消毒机应分开设置和使用（图3-64）。

内镜干燥后应存储于内镜与附件存储柜内，镜体应悬挂，弯角固定钮应置于自由位。内镜与附件柜每周消毒一次，遇污染时应随时消毒（图3-65）。

图3-64　内镜洗消室　　　　　　　　　图3-65　内镜储存室

3. 支气管镜检查室家具、设备配置

支气管镜检查室家具配置清单见表3-33。

表 3-33　支气管镜检查室家具配置清单

家具名称	数量	备注
工作台	1	尺度据产品型号
诊床	1	宜安装一次性床垫卷筒纸
洗手盆	1	防水板、纸巾盒、洗手液、镜子（可选）
垃圾桶	1	直径 300 mm
储物柜	1	尺度据产品型号
清洗槽	1	尺度据产品型号
诊桌	1	宜圆角

支气管镜检查室设备配置清单见表 3-34。

表 3-34　支气管镜检查室设备配置清单

设备名称	数量	备注
工作站	1	包括显示器、主机、打印机
气管镜	1	尺度据产品型号
图像处理	1	功率 300 W，质量 33.5 kg（参考）
医疗设备带	1	尺度据产品型号
麻醉机	1	尺度据产品型号

十八、喉镜检查室

1. 喉镜检查室功能简述

喉镜检查根据检查方法可分为间接喉镜、直接喉镜、纤维喉镜、电子喉镜、频闪喉镜等，一般最常用的是间接喉镜检查。近年来，电子喉镜也广泛应用于临床。

喉镜检查室通常为耳鼻喉科专业用房，一般设置在耳鼻喉科门诊。喉镜检查方法是将喉镜从鼻腔或口腔伸入喉部，了解咽喉的问题病变，并可借此施行喉内手术或其他喉部治疗，故有诊断及治疗两种作用。如受检者咽反射比较明显，一般会先对鼻咽部黏膜表面进行麻醉，然后进行咽喉部的检查（图 3-66）。

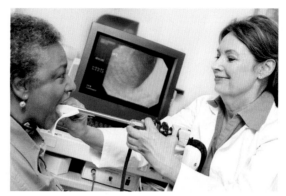

图 3-66　喉镜检查

2. 喉镜检查室主要行为说明

喉镜检查室主要行为见图 3-67。

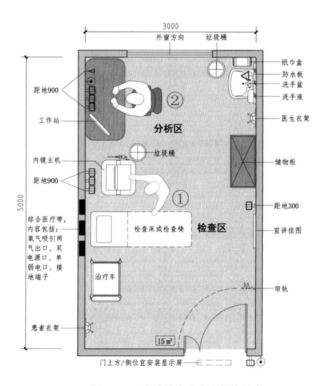

图 3-67　喉镜检查室主要行为示意

喉镜检查室布局三维示意见图 3-68。

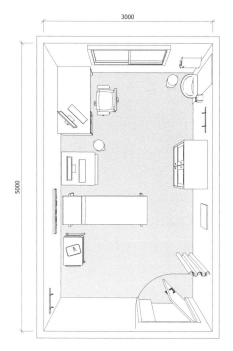

图 3-68　喉镜检查室布局三维示意

（1）检查区：设置检查床或检查椅、内镜系统等。检查床床头配备综合医疗设备带，包括氧气、正负压吸引等。喉镜检查中，患者通常取坐位，医生面向患者操作，设备位于医生右手边，便于操作、观察。此房间通常设置内镜台车，搭载视频采集单元、照明冷光源单元，需预留足够电源。

（2）分析区：设有医生工作站、诊桌、诊椅、洗手盆等，用于医生对患者检查后的结果进行记录、分析与诊断，并出具检查报告。

3. 喉镜检查室家具、设备配置

喉镜检查室家具配置清单见表 3-35。

表 3-35　喉镜检查室家具配置清单

家具名称	数量	备注
诊桌	1	宜圆角
座椅	1	带靠背，可升降，可移动
诊床	1	宜安装一次性床垫卷筒纸
洗手盆	1	防水板、纸巾盒、洗手液、镜子（可选）
垃圾桶	若干	尺度据产品型号
帘轨	1	弧形
储物柜	1	尺度据产品型号
治疗车	1	尺度据产品型号

喉镜检查室设备配置清单见表 3-36。

表 3-36　喉镜检查室设备配置清单

设备名称	数量	备注
工作站	1	包括显示器、主机、打印机
内镜主机	1	尺度据产品型号
喉镜	1	功率 20 W（参考）
医疗设备带	1	尺度据产品型号
显示屏	1	尺度据产品型号

十九、经颅多普勒检查室

1. 经颅多普勒检查室功能简述

经颅多普勒（TCD）检查是用超声多普勒效应来检测颅内脑底主要动脉的血流动力学及血流生理参数的一项无创性的脑血管疾病检查方法。可以检查脑动脉硬化、脑血管意外等疾病。该检查室属于功能检查用房，可集中设置于功能检查科，亦可分散设置于脑血管疾病等相关科室门诊。

2. 经颅多普勒检查室主要行为说明

经颅多普勒检查室主要行为见图 3-69。

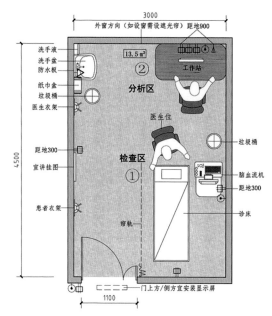

图 3-69　经颅多普勒检查室主要行为示意

经颅多普勒检查室布局三维示意见图 3-70。

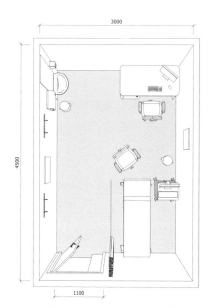

图 3-70　经颅多普勒检查室布局三维示意

（1）检查区：为方便患者上床检查，检查床设在靠近入口处右手边。医生通常在患者头部操作，检查设备位于医生左侧（图3-71）。

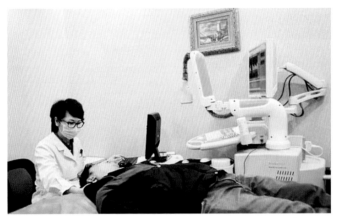

图3-71　经颅多普勒检查

（2）分析区：设有工作站等，医生在此区域对病人的检查结果进行分析、诊断，并出具报告。

3. 经颅多普勒检查室家具、设备配置

经颅多普勒检查室家具配置清单见表3-37。

表3-37　经颅多普勒检查室家具配置清单

家具名称	数量	备注
诊桌	1	宜圆角
诊床	1	宜安装一次性床垫卷筒纸
洗手盆	1	防水板、纸巾盒、洗手液、镜子（可选）
垃圾桶	2	直径300 mm
座椅	2	带靠背，可升降，可移动
衣架	2	尺度据产品型号
帘轨	1	直线型

经颅多普勒检查室设备配置清单见表 3-38。

表 3-38　经颅多普勒检查室设备配置清单

设备名称	数量	备注
工作站	1	包括显示器、主机、打印机
显示屏	1	尺度据产品型号
脑血流机	1	尺度据产品型号

二十、空气加压氧舱

1. 空气加压氧舱功能简述

高压氧治疗是将患者置身于特制的高压氧舱内，通过面罩吸氧或者气囊面罩吸氧等方法来达到治疗诸多疾病的目的。

高压氧舱（图 3-72）按加压的介质不同，分为空气加压舱和纯氧加压舱两种。

图 3-72　高压氧舱

高压氧舱的适用范围很广，临床主要用于厌氧菌感染、CO 中毒、气栓病、减压病、缺血缺氧性脑病、脑外伤、脑血管疾病等治疗。

《三级综合医院评审标准实施细则（2011 年版）》卫办医管发〔2011〕148 号中要求医用氧舱不设置在地下室，需设在耐火等级为一、二级的建筑内，并使用防火墙与其他部位分隔，布局合理，设立治疗等待区、氧舱室、诊断室、抢救室、医护办公室、消毒间等。

2. 空气加压氧舱主要行为说明

空气加压氧舱主要行为见图 3-73。

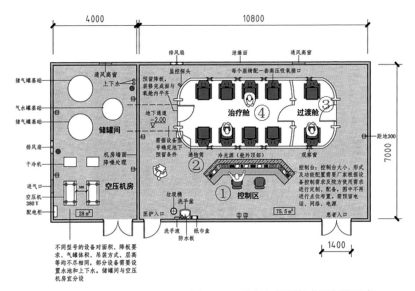

图 3-73　空气加压氧舱主要行为示意

空气加压氧舱布局三维示意见图 3-74。

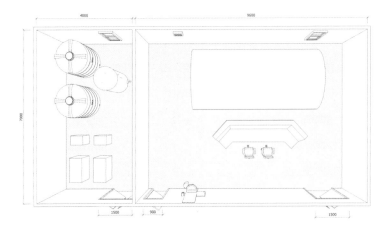

图 3-74　空气加压氧舱布局三维示意

医用氧舱包括：舱体，配套压力容器，供、排气系统，供、排氧系统，电气系统，空调系统，消防系统及所属的仪器、仪表和控制台等，舱外医生通过观察窗和对讲器可与病人联系。

（1）控制区：医生对舱内治疗进行观察控制的区域，设置控制台，需预留足够的电源（图3-75）。

图3-75　高压氧舱控制区

（2）递物筒：在治疗舱处于高于大气压的状态下，为舱内外递送医疗等物品而设置的装置。

（3）过渡舱：是指在治疗舱处于高于大气压的状态下，能使医务人员或患者在同等气压下出入治疗舱的舱室。

（4）治疗舱：在高于大气压的密闭舱内，患者通过吸氧装置呼吸氧气而进行治疗的舱室。舱内为一椅一套高压吸氧接口的配备模式，舱内氧浓度值应不大于23%。

舱体为密闭圆筒状压力容器，通过管道及控制系统把净化压缩空气、纯氧输入舱内，进行舱内加压吸氧，舱内温度应控制在18～26℃范围内（图3-76）。

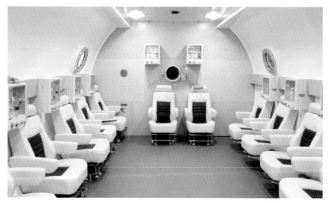

图3-76　治疗舱舱内展示

空气加压氧舱的安装、使用、检验、修理和改造等须符合《医用氧舱安全管理规定》的相关规定。

3. 空气加压氧舱家具、设备配置

空气加压氧舱家具配置清单见表 3-39。

表 3-39　空气加压氧舱家具配置清单

家具名称	数量	备注
座椅	2	带靠背，可升降，可移动
洗手盆	1	防水板、纸巾盒、洗手液、镜子（可选）

空气加压氧舱设备配置清单见表 3-40。

表 3-40　空气加压氧舱设备配置清单

设备名称	数量	备注
治疗舱	1	舱室内径、尺度据产品型号
过渡舱	1	舱室内径、尺度据产品型号
递物筒	2	快开式外开门，安全连锁装置
冷光源	6	高压舱外照明，为舱内补光
电视监控	2	设备在舱外，监控舱内情况
控制台	1	与加压舱配套使用
空气压缩机	2	尺度据产品型号
干冷机	2	尺度据产品型号

二十一、PET-CT室

1. PET-CT室功能简述

PET全称为"正电子发射计算机断层显像"，采用正电子核素作为示踪剂，通过病灶部位对示踪剂的摄取了解病灶功能代谢状态，可以宏观地显示全身各脏器功能、代谢等病理、生理特征。CT可以精确定位病灶及显示病灶细微结构变化。PET-CT是PET扫描仪和螺旋CT设备功能一体化融合后形成的一种先进的核医学影像设备，主要设在核医学科，具有灵敏、准确、特异及定位精确等特点，临床主要应用于肿瘤、脑和心脏等领域重大疾病的早期发现和诊断治疗。

PET-CT设备主机较重，需考虑楼板承重和运输条件。房间需考虑射线防护，应符合国家现行标准《医用X射线诊断放射防护要求》GBZ 130—2013的相关规定，并须经过国家相关部门审核通过。PET-CT室的布局应符合《临床核医学放射卫生防护标准》GBZ 120—2006相关规定，按照辐射场所分区管理原则，受检者与医务人员各自区域、通道宜分开设计，各自设立单独出口，但要考虑控制室与受检者需有比较直接的沟通条件，减少医务人员穿行投照机房的次数（图3-77）。

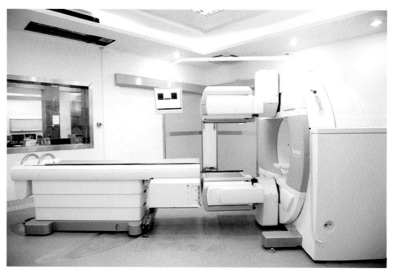

图3-77　PET-CT检查室

2. PET-CT 室主要行为说明

PET-CT 室主要行为见图 3-78。

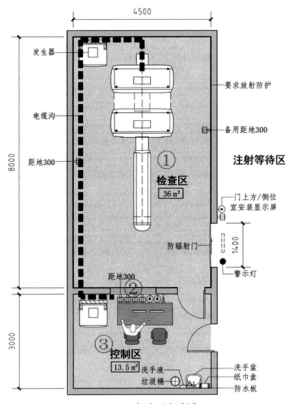

图 3-78　PET-CT 室主要行为示意

PET-CT 室布局三维示意见图 3-79。

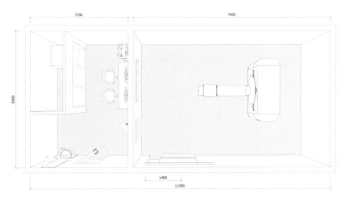

图 3-79　PET-CT 室布局三维示意

（1）检查区：中央放置设备主机，PET-CT 主要由前后排列、各自独立的一台多层螺旋 CT 组件和一台 PET 扫描仪以及计算机系统组成。主要部件包括机架、环形探测器、符合电路、检查床等（图 3-80）。

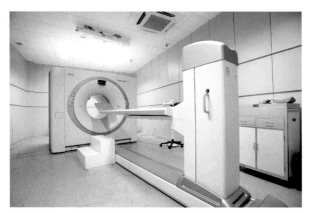

图 3-80　PET-CT 室检查区

检查室门上应设置电离辐射警示标志，有醒目的工作指示灯和相应 X 射线防护的告示。门和墙均要求放射防护。《综合医院建筑设计规范》GB 51039—2014 中要求放射设备机房净高不应小于 2.8 m，扫描室门的净宽不应小于 1.2 m，控制室门净宽宜为 0.9 m，并应满足设备通过要求。

（2）观察窗：检查区与控制区之间的隔墙上设置的大小适宜、位置合适的铅玻璃观察窗。

（3）控制区：设置操作台、控制机柜、工作站等，是医生进行检查操作控制以及数据、图像采集的区域（图 3-81）。医生通过观察窗和对讲器与患者联系。检查时，患者先通过

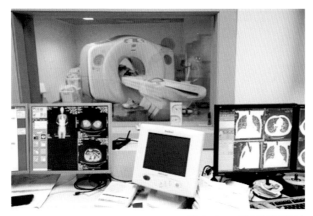

图 3-81　控制区工作站

CT 扫描仪然后再进入 PET 的视野。CT 和 PET 采用同一个数据采集工作站，两种不同成像原理的设备同机组合不是功能的简单相加，而是在此基础上进行图像融合。CT 扫描仪提供高质量的解剖图像，PET 扫描仪提供高质量的功能图像，融合后的图像既有精细的解剖结构又有丰富的生理、生化功能信息。

3. PET-CT 室家具、设备配置

PET-CT 室家具配置清单见表 3-41。

表 3-41　PET-CT 室家具配置清单

家具名称	数量	备注
座椅	2	带靠背，可升降，可移动
洗手盆	1	防水板、纸巾盒、洗手液、镜子（可选）

PET-CT 室设备配置清单见表 3-42。

表 3-42　PET-CT 室设备配置清单

设备名称	数量	备注
显示屏	1	尺度据产品型号
警示灯	1	检查期间，警示灯处于开启状态
CT 机架	1	质量 1902 kg（参考）
PET 机架	1	质量 1065 kg（参考）
检查床	1	质量 566 kg（参考）
发生器机柜	1	质量 529 kg，功率 60 kW（参考）
工作站	1	配套设备，尺度据产品型号

二十二、倾斜试验室

1. 倾斜试验室功能简述

倾斜试验主要用于研究体位性变化对心率和血压调节的影响，诊断血管迷走性晕厥等疾病。检查房间应安静、光线稍暗、温度适宜。房间尺度需根据开展的业务确定。

2. 倾斜试验室主要行为说明

倾斜试验室主要行为见图 3-82。

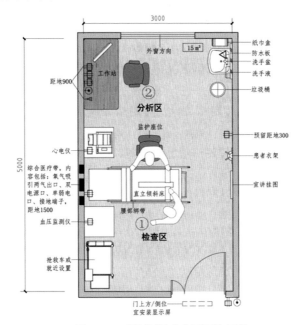

图 3-82　倾斜试验室主要行为示意

倾斜试验室布局三维示意见图 3-83。

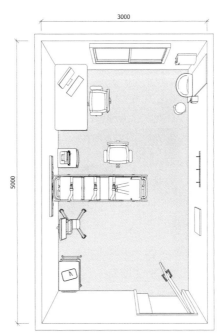

图 3-83　倾斜试验室布局三维示意

（1）检查区：设置直立倾斜试验床（图3-84），血压、心电监护仪，抢救车（除颤仪）等，床头配备综合医疗设备带，包括氧气、正负压吸引等。受试前患者禁水禁食、开放静脉通道，受试时倾斜角度取60°～80°，但常用为70°角。倾斜台要求有支撑胶板，两侧有护栏，胸、膝关节处有固定带，防止受试者跌倒。受试过程中应连续监测患者血压、心率，密切观察患者情况，发生晕厥或晕厥前期症状或须终止试验的其他指征时，立即终止试验（图3-85）。

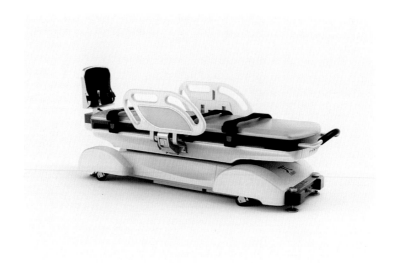

图3-84　直立倾斜试验床

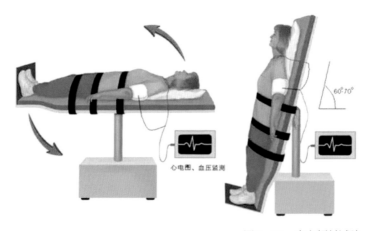

心电图、血压监测

60°-70°

图3-85　直立倾斜试验

（2）分析区：设有医生工作站、诊桌、诊椅、洗手盆等，用于医生对患者受试后结果的记录、分析与诊断。

3. 倾斜试验室家具、设备配置

倾斜试验室家具配置清单见表 3-43。

表 3-43 倾斜试验室家具配置清单

家具名称	数量	备注
诊桌	1	宜圆角
洗手盆	1	防水板、纸巾盒、洗手液、镜子（可选）
垃圾桶	1	直径 300 mm
座椅	2	带靠背，可升降，可移动
衣架	1	尺度据产品型号

倾斜试验室设备配置清单见表 3-44。

表 3-44 倾斜试验室设备配置清单

设备名称	数量	备注
工作站	1	包括显示器、主机、打印机
医疗设备带	1	尺度据产品型号
心电仪	1	十二道自动分析心电图机
血压监测仪	1	身心监护设备
直立倾斜床	1	功率 90 W，质量 100 kg，倾角 0°～90°
抢救车	1	尺度据产品型号
显示屏	1	尺度据产品型号

二十三、亚低温治疗病房

1. 亚低温治疗病房功能简述

亚低温疗法是一种以物理方法或冬眠药物将患者的体温降低到预期水平而达到治疗疾病的方法。亚低温（28 ~ 35℃）治疗以全身或局部体表降温术和中度低温较为常用，在临床上又称"冬眠疗法"或"人工冬眠"，在神经内科、神经外科、重症医学科较常见，主要用于治疗脑缺血、脑缺氧、脑出血、脑卒中等疾病。

2. 亚低温治疗病房主要行为说明

亚低温治疗病房主要行为见图 3-86。

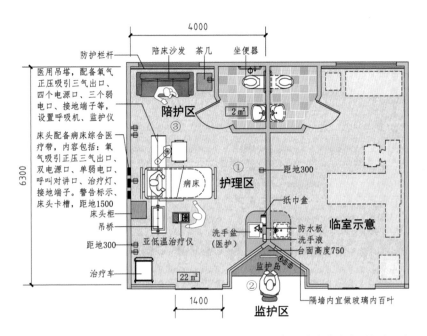

图 3-86 亚低温治疗病房主要行为示意

亚低温治疗病房布局三维示意见图 3-87。

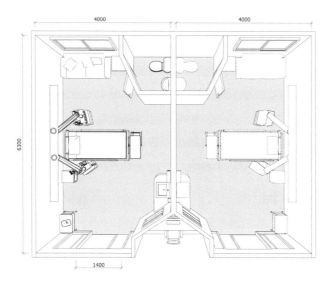

图 3-87　亚低温治疗病房布局三维示意

亚低温治疗病房主要收治脑部损伤较严重或多器官与系统功能障碍的重症患者，因此房型的设计根据医疗行为特点分为护理区、护士监护区，同时考虑人性化服务，设置陪护区。本房型从感染控制、保护病人与医护人员安全的角度出发，设置为左右两侧相同的单间病房带监护岛形式，护士通过百叶窗或透明玻璃窗对两房间内的病人进行监护。

（1）护理区：设置医用吊塔、综合医疗设备带（氧气、正负压吸引三气出口）、病床、监护仪、呼吸机、亚低温治疗仪（图3-88）等。由于仪器设备数量较多，医护对患者进行治疗护理次数多，因此床位占有面积较大，应预留足够空间。此外，

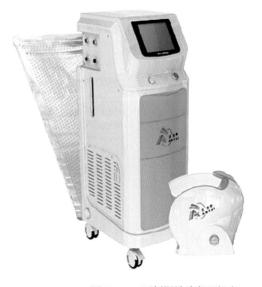

图 3-88　亚低温治疗仪及设备

病床周围环境应保持整洁，不宜摆放过多物品，并设置医护人员洗手盆、治疗车，以方便进行床旁治疗、抢救、护理及各种操作。

（2）监护区：设置工作站，通过中央监护系统的监护窗直接看到所有被监护病人的生命体征情况。护士通过可调百叶窗对两侧病人进行监护，随时观察病情变化，同时在此完成监护记录的书写。共享式监护岛的设计既节省人力，又确保患者能得到密切监护，还满足了医院对感染控制的要求（图3-89）。

图3-89　共享式监护岛

（3）陪护区：设置陪床椅或沙发，同时设置洗手间，充分体现人性化关怀。

房间入口标注为净宽，考虑病人病情较重，故房间入口应能保证床位及轮椅顺利进出，此外，有可能会进行一些床旁检查项目，如床旁超声，所以也要保证检查设备的顺利进出。

3. 亚低温治疗病房家具、设备配置

亚低温治疗病房家具配置清单见表3-45。

表3-45　亚低温治疗病房家具配置清单

家具名称	数量	备注
床头柜	1	宜圆角
输液吊柜	1	尺度据床位
边台	1	尺度据产品型号
座椅	1	带靠背，可升降，可移动
洗手盆	1	防水板、纸巾盒、洗手液、镜子（可选）
卫厕	1	配置水盆、坐便器、防护扶手等
陪床沙发	1	尺度据产品型号

亚低温治疗病房设备配置清单见表 3-46。

表 3-46 亚低温治疗病房设备配置清单

设备名称	数量	备注
桥式吊塔	1	尺度据产品型号
病床	1	升降电动
医疗设备带	1	尺度据产品型号
亚低温治疗仪	1	冰毯亚低温治疗仪，控温范围 12 ~ 38℃

二十四、荧光免疫室

1. 荧光免疫室功能简述

荧光免疫室是用于检测、定位、定量各种抗原、抗体的功能房间，是检验、病理科实验用房。根据医疗行为特点，分为储存区和检测区。设备数量和布置需根据项目实际情况设定。

2. 荧光免疫室主要行为说明

荧光免疫室主要行为见图 3-90。

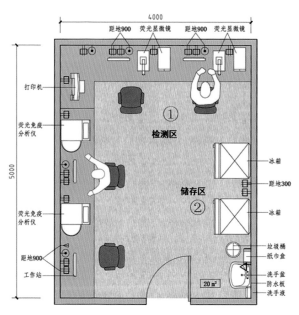

图 3-90 荧光免疫室主要行为示意

荧光免疫室布局三维示意见图 3-91。

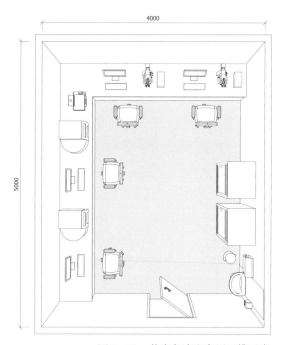

图 3-91　荧光免疫室布局三维示意

（1）检测区：设置荧光显微镜、荧光免疫分析仪、工作站、打印机等，是对标本进行检测分析的区域。

（2）储存区：试剂、标本存放的区域，设置冰箱。

3. 荧光免疫室家具、设备配置

荧光免疫室家具配置清单见表 3-47。

表 3-47　荧光免疫室家具配置清单

家具名称	数量	备注
操作台	2	尺度据产品型号
座椅	4	带靠背，可升降，可移动
洗手盆	1	防水板、纸巾盒、洗手液、镜子（可选）
垃圾桶	1	直径 300 mm

荧光免疫室设备配置清单见表 3-48。

表 3-48 荧光免疫室设备配置清单

设备名称	数量	备注
工作站	4	包括显示器、主机
荧光免疫分析仪	2	功率 500 W，质量 25 kg（参考）
荧光显微镜	2	质量 8 kg（参考）
冰箱	2	尺度据产品型号
打印机	1	尺度据产品型号

二十五、酶标仪室

1. 酶标仪室功能简述

酶标仪室是主要用于进行酶联免疫吸附试验的功能房间，通过显色的深浅即吸光度值的大小就可以判断标本中待测抗体或抗原的浓度。在医学领域主要应用于血液学、免疫学、肿瘤免疫学、传染病免疫学、优生优育的血清学及基因实验，故酶标仪室一般设置在检验科及教学科研平台。

2. 酶标仪室主要行为说明

酶标仪室主要行为见图 3-92。

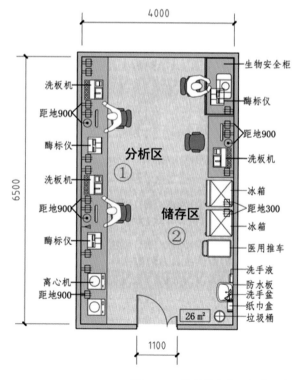

图 3-92 酶标仪室主要行为示意

酶标仪室布局三维示意见图 3-93。

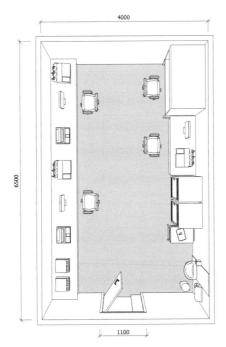

图 3-93　酶标仪室布局三维示意

（1）分析区：常规配置为酶标仪、洗板机、工作站、离心机等，可根据需要设置生物安全柜，是对标本进行检测分析的区域。设备数量和布置需根据项目实际情况设定。

（2）储存区：试剂、标本存放的区域，设置冰箱、医用推车等。

3. 酶标仪室家具、设备配置

酶标仪室家具配置清单见表 3-49。

表 3-49　酶标仪室家具配置清单

家具名称	数量	备注
操作台	2	尺度据产品型号
座椅	4	带靠背，可升降，可移动
洗手盆	1	防水板、纸巾盒、洗手液、镜子（可选）
垃圾桶	1	直径 300 mm
医用推车	1	尺度据产品型号

酶标仪室设备配置清单见表 3-50。

表 3-50　酶标仪室设备配置清单

设备名称	数量	备注
工作站	3	包括显示器、主机
生物安全柜	1	功率 690 W，质量 283 kg（参考）
洗板机	3	质量 15 kg（参考）
酶标仪	3	质量 13.7 kg（参考）
冰箱	2	尺度据产品型号
离心机	2	功率小于 1000 W（参考）

二十六、真菌实验室

1. 真菌实验室功能简述

真菌实验室用于真菌的检验，包括真菌直接镜检、真菌培养鉴定、真菌药物敏感试验、真菌组织病理及真菌的免疫血清学试验。临床通常设置于检验科微生物实验区，房间需设置缓冲区，防止污染。本房型为单室布局，设备数量及布置需根据项目实际情况设定。

2. 真菌实验室主要行为说明

真菌实验室主要行为见图 3-94。

真菌实验室布局三维示意见图 3-95。

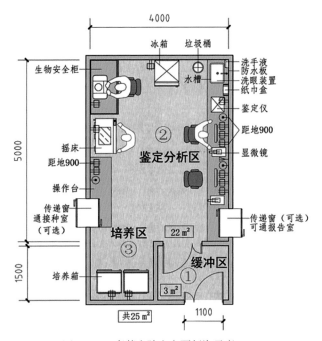

图 3-94　真菌实验室主要行为示意

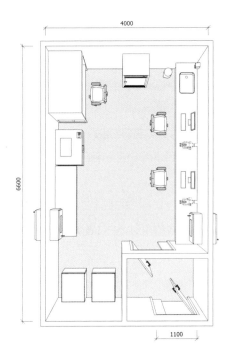

图 3-95　真菌实验室布局三维示意

（1）缓冲区：设在房间入口处，有明显的区域标志和负压梯度显示，控制污染气流，控制压差，保持气流从清洁区到半污染区再到污染区的单向流动，保证了实验室外部通道的洁净度。

（2）鉴定分析区：各类真菌试验的检验、分析、鉴定区域。设置生物安全柜（图3-96）、操作台、显微镜、鉴定仪、摇床、冰箱等，可考虑紧急洗眼装置、传递窗的设置。

图3-96　生物安全柜内进行真菌试验

（3）培养区：进行真菌培养的区域，需设置培养基、培养箱等。真菌培养的目的是提高病原体检出的阳性率，弥补直接镜检的不足，并能确定病原菌的种类，为临床诊断及治疗提供依据。

3. 真菌实验室家具、设备配置

真菌实验室家具配置清单见表3-51。

表3-51　真菌实验室家具配置清单

家具名称	数量	备注
操作台	2	尺度据产品型号
座椅	3	带靠背，可升降，可移动
水槽	1	防水板、纸巾盒、洗手液、镜子（可选）

真菌实验室设备配置清单见表3-52。

表3-52　真菌实验室设备配置清单

设备名称	数量	备注
工作站	2	包括显示器、主机
培养箱	2	功率650 W，质量72 kg（参考）
显微镜	2	质量8 kg（参考）
传递窗	2	功率750 W（参考）
生物安全柜	1	功率690 W，质量283 kg（参考）
冰箱	1	尺度据产品型号
细菌鉴定仪	1	质量15 kg（参考）
离心机	1	功率小于1000 W（参考）
摇床	1	质量38 kg（参考）

二十七、寄生虫实验室

1. 寄生虫实验室功能简述

寄生虫病是寄生虫侵入人体而引起的疾病。目前主要诊断依据为病原学诊断、免疫学诊断、分子生物学检查、流行病学以及临床表现。寄生虫实验室主要用于寄生虫的检验。本房型根据临床常用的寄生虫病检查方法，分为粪便检查区、分泌物检查区、血液制片区和分析诊断区。

2. 寄生虫实验室主要行为说明

寄生虫实验室主要行为见图3-97。

寄生虫实验室布局三维示意见图3-98。

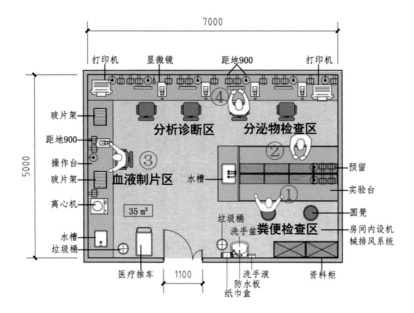

图 3-97 寄生虫实验室主要行为示意

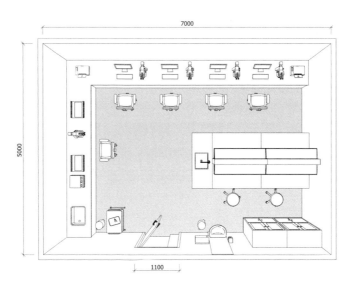

图 3-98 寄生虫实验室布局三维示意

（1）粪便检查区：通过直接涂片、浮聚、沉淀等方法，然后在显微镜下查找寄生虫虫体、虫卵、卵囊、包囊等来确诊。设置实验台、机械排风系统、显微镜等。

（2）分泌物（体液）检查区：分泌物、体液主要包括患者的痰液、尿液、骨髓、脑积液、胸腔液等，通过直接涂片、24 h 浓集、离心沉渣等方法来进行镜检。设置实验台、显微镜、离心机等。

（3）血液制片区：血液检查是诊断疟疾、丝虫病的基本方法。常用的检查方法是采血后进行血模的涂片制作，晾干后进行固定染色，待干后进行镜检；也有离心沉渣镜检等方法。设置操作台、玻片架、离心机等。

（4）分析诊断区：医师对检查结果进行分析、诊断的区域，设置显微镜、打印机、工作站等。

3. 寄生虫实验室家具、设备配置

寄生虫实验室家具配置清单见表 3-53。

表 3-53　寄生虫实验室家具配置清单

家具名称	数量	备注
操作台	2	尺度据产品型号
座椅	5	带靠背，可升降，可移动
洗手盆	1	防水板、纸巾盒、洗手液、镜子（可选）
圆凳	2	直径 380 mm
水槽	2	尺度据产品型号
实验台	1	尺度据产品型号
储物柜	2	尺度据产品型号
垃圾桶	2	直径 300 mm
医用推车	1	尺度据产品型号

寄生虫实验室设备配置清单见表 3-54。

表 3-54　寄生虫实验室设备配置清单

设备名称	数量	备注
工作站	4	尺度据产品型号
离心机	1	功率小于 1000 W（参考）
显微镜	5	质量 8 kg（参考）
打印机	2	尺度据产品型号

二十八、流式细胞室

1. 流式细胞室功能简述

流式细胞术（FCM）也称"荧光激活细胞分类术"，目前已广泛应用于生物学、免疫学、遗传学、药理学、肿瘤学、血液学、病理学、临床检验等领域。

流式细胞室是从事对细胞的多参数、快速定量分析的功能房间，主要利用流式细胞仪进行细胞的增殖周期分析、DNA 倍体分析、细胞表面及细胞内标志物质分析和分选技术。

2. 流式细胞室主要行为说明

流式细胞室主要行为见图 3-99。

图 3-99　流式细胞室主要行为示意

流式细胞室布局三维示意见图 3-100。

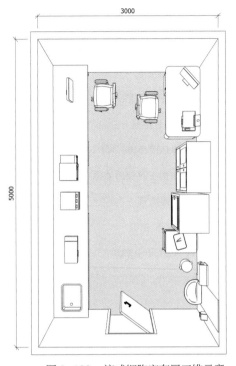

图 3-100　流式细胞室布局三维示意

（1）检验区：设置流式细胞分析系统、离心机、恒温水浴箱、操作台等，是进行细胞实验的区域。

（2）分析区：设置工作站，配备打印机等，是对检验结果进行分析、诊断的区域。

（3）储存区：是标本的暂存区、实验用品储存区，设置冰箱、储物柜、医用推车等。

3. 流式细胞室家具、设备配置

流式细胞室家具配置清单见表 3-55。

表 3-55　流式细胞室家具配置清单

家具名称	数量	备注
操作台	1	尺度据产品型号
座椅	2	带靠背，可升降，可移动
洗手盆	1	防水板、纸巾盒、洗手液、镜子（可选）
垃圾桶	1	直径 300 mm
办公桌	1	尺度据产品型号
储物柜	1	尺度据产品型号
医用推车	1	尺度据产品型号

流式细胞室设备配置清单见表 3-56。

表 3-56　流式细胞室设备配置清单

设备名称	数量	备注
工作站	4	尺度据产品型号
离心机	1	功率小于 1000 W（参考）
显微镜	5	质量 8 kg（参考）
打印机	2	尺度据产品型号

二十九、生殖取卵室

1. 生殖取卵室功能简述

生殖取卵室适用于生殖医学中心，用于超声设备引导下的阴道镜取卵操作。医生在护士协助下按照阴道镜检查规范对患者进行检查、取样等处置，房间需设隔帘保护患者隐私。

生殖技术实验室应避免邻近消毒、洗涤、传染、放射、病理等科室。取卵室供 B 超介导下经阴道取卵用，环境应满足医院卫生学要求，应按 II 级洁净用房设计。

2. 生殖取卵室主要行为说明

生殖取卵室主要行为见图 3-101。

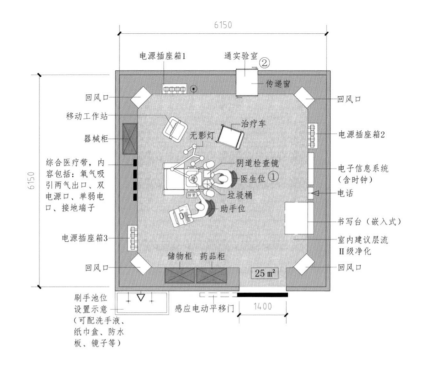

图 3-101　生殖取卵室主要行为示意

生殖取卵室布局三维示意见图 3-102。

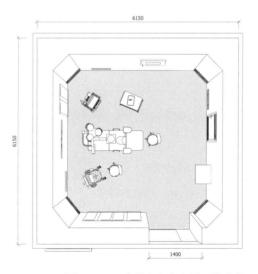

图 3-102　生殖取卵室布局三维示意

（1）操作区：设置妇科检查床、无影灯、设备带、B超设备、阴道镜、移动工作站等。房间还需设置药品柜、麻醉柜、器械柜等。

（2）取卵室与胚胎实验室相邻，设置互锁传递窗。房间入口应采用自动感应密封门（图3-103）。

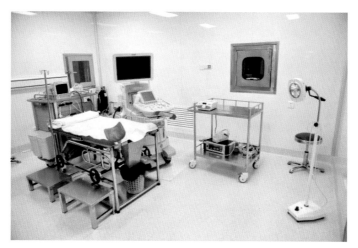

图 3-103　生殖取卵室

3. 生殖取卵室家具、设备配置

生殖取卵室家具配置清单见表 3-57。

表 3-57　生殖取卵室家具配置清单

家具名称	数量	备注
圆凳	2	直径 380 mm，可升降，带靠背
刷手池	1	防水板、纸巾盒、洗手液、镜子（可选）
治疗车	1	尺度据产品型号
垃圾桶	1	直径 300 mm
储物柜	1	尺度据产品型号
药品柜	1	尺度据产品型号
器械柜	1	尺度据产品型号
书写台	1	嵌入式，尺度据产品型号

生殖取卵室设备配置清单见表 3-58。

表 3-58　生殖取卵室设备配置清单

设备名称	数量	备注
移动工作站	1	包括显示器、主机、打印机
妇科检查床	1	宜安装一次性床垫卷筒纸
超声设备	1	尺度据产品型号
无影灯	1	质量 38 kg，功率 180 W（参考）
互锁传递窗	1	可选蜂鸣器、对讲机

三十、IVF 培养室

1. IVF 培养室功能简述

IVF 即体外受精联合胚胎移植技术，是指分别将卵子与精子取出后，置于试管内使其受精，再将胚胎前体——受精卵移植回母体子宫内发育成胎儿（图 3-104）。

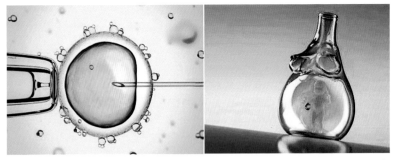

图 3-104 IVF　示意

IVF 培养室（图 3-105）是医生（实验员）在室内进行体外受精实验操作并在卵子受精后的特定时间观察胚胎发育情况的功能房间。设于生殖医学中心，是整个试管婴儿孕育的核心区域。IVF 培养室应为层流洁净室，无菌、无毒、无味、无尘、灯光昏暗、恒温恒湿，有利于胚胎生长的环境。房间需设缓冲间，实验员要经过严格的更衣、洗手和消毒等程序后方可进入。

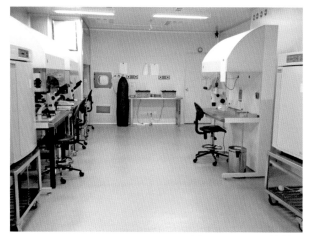

图 3-105　IVF 培养室

2. IVF 培养室主要行为说明

IVF 培养室主要行为见图 3-106。

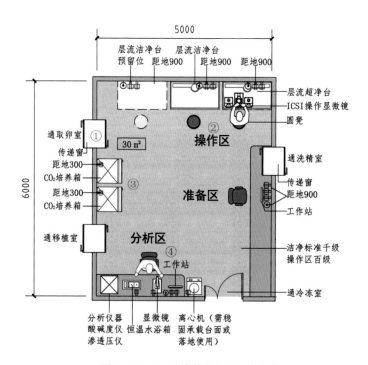

图 3-106　IVF 培养室主要行为示意

IVF 培养室布局三维示意见图 3-107。

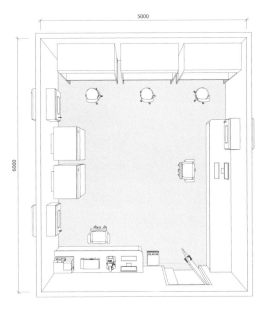

图 3-107　IVF 培养室布局三维示意

（1）传递窗：与取卵室、洗精室之间有便捷的联系。

（2）操作区：体外受精区域，设置层流超净台、显微镜等设备。卵子暂时培养后，和处理好的一定数量的精子混合培养，精子和卵子自然结合，完成受精过程（图 3-108）。

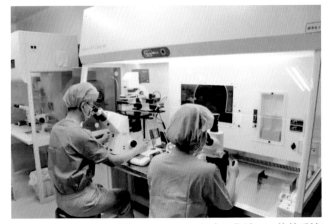

图 3-108　IVF 双人工作站——体外受精

（3）培养区：是对卵子、精子、受精卵进行培养的环境区域，设置培养箱。培养箱相当于人类的"子宫"，外形像一只小冰箱，是模仿女性子宫设计的，温度恒定，箱内有专门的营养液，湿度、二氧化碳和氧气浓度都是按照人体子宫的参数设定（图3-109）。

图3-109　培养箱及抽屉式培养箱

（4）经过一段时间的培养，医生需要观察受精卵/胚胎生长发育情况，分析胚胎是否能进行移植或冷冻。设置显微镜、工作站等设备（图3-110）。

图3-110　医生观察受精卵发育情况

IVF 培养室所有操作均需在净化级别为百级、黑暗的条件下进行，符合《人类辅助生殖技术规范》卫科教发〔2003〕176 号的相关规定。同时，需采用十分严格的核对制度，对配子或胚胎进行操作前，进行双人核对，同时采用国际先进的 WITNESS 电子核对系统。在人机同时核对的情况下，保证患者的准确性。

3. IVF 培养室家具、设备配置

IVF 培养室家具配置清单见表 3-59。

表 3-59　IVF 培养室家具配置清单

家具名称	数量	备注
边台	2	宜圆角
座椅	2	带靠背，可升降，可移动
圆凳	2	直径 300 mm

IVF 培养室设备配置清单见表 3-60。

表 3-60　IVF 培养室设备配置清单

设备名称	数量	备注
工作站	1	包括显示器、主机、打印机
层流洁净台	2	功率 320 W，质量 120 kg，洁净度 100 级
互锁传递窗	3	功率 750 W，可选蜂鸣器、对讲机
CO_2 培养箱	2	加热功率 145 W，质量 110 kg（参考）
ICSI 显微镜	1	显微操作系统，功率 50 W，质量 62 kg
离心机	1	质量 22 kg，转速 4000 r/min
恒温水浴箱	1	数显恒温水浴锅，功率 1500 W（参考）
生物显微镜	1	功率 18.5 W，质量 8 kg，照明卤素灯

三十一、胚胎冷冻室

1. 胚胎冷冻室功能简述

胚胎冷冻是指将胚胎和冷冻液装入冷冻管中，经过慢速（第 2 ~ 3 天的胚胎）和快速（第 5 ~ 6 天的囊胚）两种降温方式使胚胎能静止下来并可在 -196℃ 的液氮中保存的一种方法（图 3-111）。胚胎冷冻室即为胚胎冷冻提供场所的地方，属于生殖医学中心功能用房，房间内设置液氮储存罐、运输罐、电冰箱、干燥箱等设备。进行胚胎移植术后剩余的、质量好的胚胎可以通过胚胎冷冻室保存。

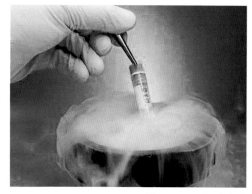

图 3-111　胚胎冷冻

2. 胚胎冷冻室主要行为说明

胚胎冷冻室主要行为见图 3-112。

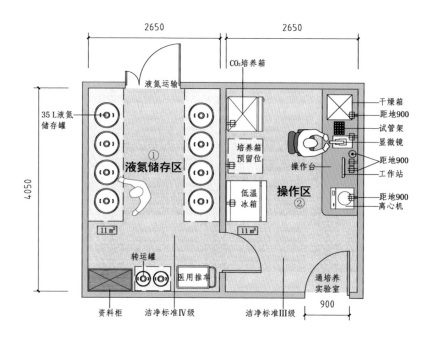

图 3-112　胚胎冷冻室主要行为示意

胚胎冷冻室布局三维示意见图 3-113。

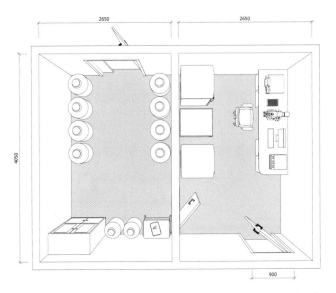

图 3-113　胚胎冷冻室布局三维示意

（1）液氮储存区：即冷冻胚胎的液氮罐储存的区域，与操作区相通。同时设有运输罐、资料柜、医用推车，房间需预留液氮罐运输的空间及条件，洁净标准为Ⅳ级（图 3-114）。

图 3-114　液氮罐储存区

（2）操作区：是进行冷冻胚胎复苏等的区域，与胚胎培养实验室相通。设置显微镜、工作站、干燥箱、低温冰箱、培养箱等设备（图3-115）。

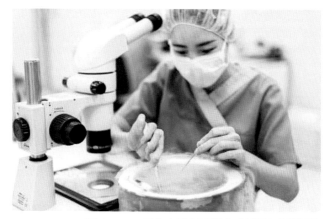

图3-115　工作人员在显微镜下观察冷冻的胚胎

3. 胚胎冷冻室家具、设备配置

胚胎冷冻室家具配置清单见表3-61。

表3-61　胚胎冷冻室家具配置清单

家具名称	数量	备注
边台	1	宜圆角
座椅	1	可升降，带靠背
资料柜	1	钢质文件柜
医用推车	1	尺度据产品型号

胚胎冷冻室设备配置清单见表 3-62。

表 3-62　胚胎冷冻室设备配置清单

设备名称	数量	备注
工作站	1	包括显示器、主机、打印机
生物显微镜	1	功率 18.5 W，质量 8 kg，照明卤素灯
CO_2 培养箱	1	加热功率 145 W，质量 110 kg（参考）
离心机	1	质量 22 kg，电源 220 V/5 A
液氮储存罐	8	容积 35 L，空重 14.3 kg，罐口直径 80 mm
干燥箱	1	功率 1.5 kW，质量 60 kg（参考）
低温冰箱	1	功率 1500 W，质量 320 kg，容积 328 L
液氮转运罐	2	容积 8 L，空重 5.8 kg，罐口直径 80 mm

三十二、病理标本取材室

1. 病理标本取材室功能简述

病理科应自成一区，按污染、半污染和清洁分区合理布局。技术区相邻又相对独立。标本取材室设置在污染区。病理标本取材时，病理医师与技术员首先要核对标本信息，然后进行取材和巨检（指对送检病理标本进行肉眼观察的过程）信息的录入。

标本验收登记后，应迅速用固定液覆盖组织，使细胞内物质尽可能接近其生活状态时的形态结构和位置。新鲜组织经固定后，组织的微细结构得到保存，不会发生变化，其流程如图 3-116 所示。

图 3-116　病理科工作流程示意

2. 病理标本取材室主要行为说明

病理标本取材室主要行为见图 3-117。

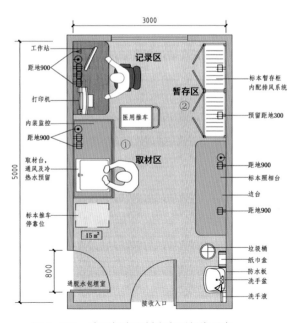

图 3-117　病理标本取材室主要行为示意

病理标本取材室布局三维示意见图3-118。

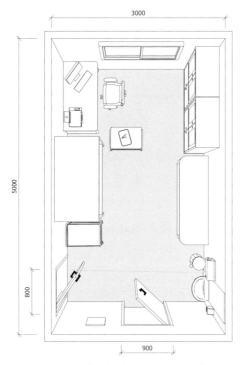

图3-118　病理标本取材室布局三维示意

（1）取材区：设置病理标本取材台、工作站。医生于取材台切取病理组织，并对所见标本进行描述，同时技术员在工作站进行记录（图3-119）。

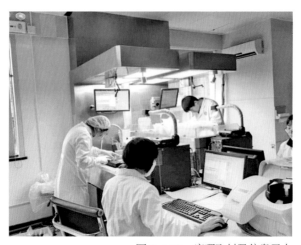

图3-119　病理取材及信息录入

（2）标本暂存区：标本取材后将剩余标本存放在标本柜。标本存放柜应内置排风系统。病理标本取材室应增设高效通风系统，排出房间内异味。室内可采用紫外线消毒方式。

3. 病理标本取材室家具、设备配置

病理标本取材室家具配置清单见表 3-63。

表 3-63　病理标本取材室家具配置清单

家具名称	数量	备注
办公桌	1	尺度据产品型号
座椅	1	带靠背，可升降，可移动
医用推车	1	尺度据产品型号
洗手盆	1	防水板、纸巾盒、洗手液、镜子（可选）
操作台	1	可根据需要定制

病理标本取材室设备配置清单见表 3-64。

表 3-64　病理标本取材室设备配置清单

设备名称	数量	备注
工作站	1	包括显示器、主机
标本暂存柜	2	预留通风口、电源接口
打印机	1	尺度据产品型号
病理标本取材台	1	质量 390 kg，功率 0.85 kW（参考），预留通风口、冷热水接口、排风机、紫外线灯电源，设备下水含搅碎机

三十三、病理脱水包埋室

1. 病理脱水包埋室功能简述

病理科应按污染、半污染和清洁分区合理布局。标本脱水包埋室设置在污染区。房间应设置独立排风系统，控制好室内空气流通，防止气体污染。室内可采用紫外线消毒方式。

2. 病理脱水包埋室主要行为说明

病理脱水包埋室主要行为见图 3-120。

图 3-120 病理脱水包埋室主要行为示意

病理脱水包埋室布局三维示意见图 3-121。

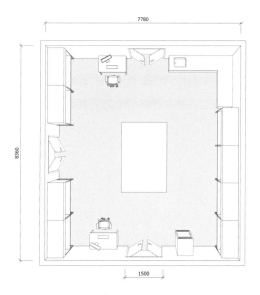

图 3-121 病理脱水包埋室布局三维示意

（1）房间按脱水、包埋分区布置。脱水就是用脱水剂完全除去组织内的水分（包括固定液），为下一步组织透明及浸蜡创造条件。脱水区设置脱水机（图3-122）、通风柜。由于脱水过程中有挥发性试剂，因此应在通风柜内进行操作。

图3-122　电脑全封闭脱水机

（2）包埋是将浸蜡后的组织置于融化的固体石蜡中，石蜡凝固后，组织即被包在其中，称蜡块，用切片机切成薄片，再染色，用显微镜进一步检查病变。包埋区设置包埋机（图3-123）、通风柜等。此外房间设置医生工作站和洗手设施。

也可根据医院病理科规模及实际工作情况分别设置脱水、包埋室。

图3-123　病理包埋机

3. 病理脱水包埋室家具、设备配置

病理脱水包埋室家具配置清单见表 3-65。

表 3-65　病理脱水包埋室家具配置清单

家具名称	数量	备注
座椅	2	带靠背，可升降，可移动
水槽	1	尺度据产品型号
操作台	1	可根据需要测量定制
中心台	1	可根据需要测量定制

病理脱水包埋室设备配置清单见表 3-66。

表 3-66　病理脱水包埋室设备配置清单

设备名称	数量	备注
工作站	2	包括显示器、主机
脱水机	4	功率 0.6 kW
包埋机	4	质量 26 kg，功率 1 kW（参考）
通风柜	8	质量 280 kg（参考）
干燥箱	4	—
冰箱	1	尺度据产品型号

三十四、冰冻切片室

1. 冰冻切片室功能简述

冰冻切片室是进行病理样本快速冰冻、切片、染色的场所（图 3-124）。冰冻切片是借助低温冷冻将活体组织快速冻结达到一定的硬度而进行制片的一种方法，因其制作过程较石蜡切片快捷、简便，多应用于手术中的快速病理诊断。根据医疗行为特点，分为冰冻区、切片区、染色区和分析区（图 3-125）。

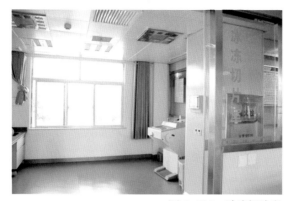

图 3-124 冰冻切片室

图 3-125 冰冻切片室工作流程示意

2. 冰冻切片室主要行为说明

冰冻切片室主要行为见图 3-126。

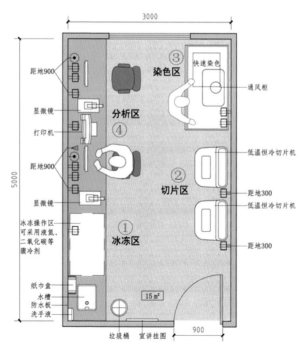

图 3-126 冰冻切片室主要行为示意

冰冻切片室布局三维示意见图 3-127。

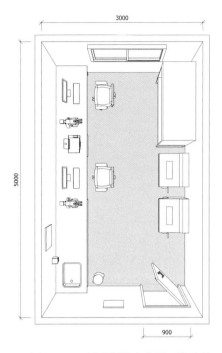

图 3-127　冰冻切片室布局三维示意

（1）冰冻区：是术中送检的活体组织登记取材后，对取材的组织进行快速冰冻操作的区域。可采用液氮低温冷冻、二氧化碳骤冷剂冰冻、甲醇循环制冷、低温恒冷箱冰冻等方法。不同的组织选择不同的冷冻度。

（2）切片区：设置低温恒冷切片机，对冷冻好的组织进行切片。不同组织的形态结构和组成成分不同，其切片的温度和厚度也有所不同，应根据具体组织情况进行适当调整。

（3）染色区：设置通风柜。冰冻切片附贴于载玻片后，立即放入恒冷箱中的固定液固定，然后于通风柜处进行快速染色。

目前，越来越多的术中病理要求快速、准确的诊断，低温恒冷切片这种快捷简便的手段正在受到青睐。这种方法使得整个制片过程控制在 15 分钟左右（图 3-128）。

（4）分析区：设置工作站、显微镜等。病理医师在此区对制作好的组织玻片进行镜检，然后分析、诊断、出报告。

图 3-128　快速恒温冷冻切片

3. 冰冻切片室家具、设备配置

冰冻切片室家具配置清单见表 3-67。

表 3-67　冰冻切片室家具配置清单

家具名称	数量	备注
操作台	1	宜圆角
座椅	2	带靠背，可升降，可移动
水槽	1	尺度据产品型号

冰冻切片室设备配置清单见表 3-68。

表 3-68　冰冻切片室设备配置清单

设备名称	数量	备注
工作站	2	包括显示器、主机
显微镜	2	功率 30 W，质量 4 kg（参考）
冰冻切片机	2	功率 800 W，质量 120 kg（参考）
通风柜	1	功率 450 W，质量 350 kg（参考）
打印机	1	尺度据产品型号

三十五、病理诊断室

1. 病理诊断室功能简述

病理诊断是对手术切下、内镜取出、尸体解剖等取下的组织标本，固定染色后，在显微镜下进行组织学检查，以诊断疾病。病理诊断是目前世界各国医学界公认最可信赖、重复性最强、准确性最高的一种疾病诊断手段，被誉为"金标准"，也是疾病的最终诊断。

病理诊断室（图3-129）为镜检阅片、病理诊断提供了空间和场所。医师根据镜检进行分析、诊断，最后再出具病理报告。需设置显微镜、工作站、打印机等设备。本房型主要表达医疗行为及工艺条件要求，具体房间面积需根据量化要求明确。

图 3-129 病理诊断室

2. 病理诊断室主要行为说明

病理诊断室主要行为见图3-130。

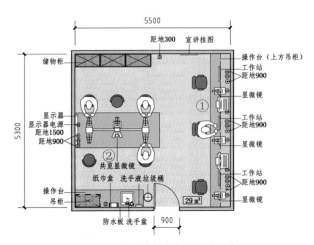

图 3-130 病理诊断室主要行为示意

病理诊断室布局三维示意见图 3-131。

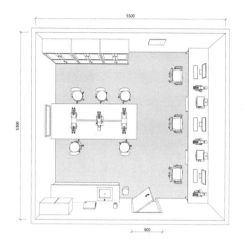

图 3-131 病理诊断室布局三维示意

（1）病理诊断室一般设置工作站、显微镜、操作台、储物柜等，是病理医师进行组织标本镜检，分析诊断，出具病理报告的区域。

每工位工作台应预留放置载玻片盒的空间和条件。载玻片盒（图 3-132）容量大小视阅片工作量及病理科规模而定。

图 3-132 载玻片盒

（2）公共阅片区：是多名医师联合阅片诊断的区域，同时也可进行业务的共同学习探讨。设置共览（多头）显微镜、显示器、小会议桌等（图 3-133）。

图 3-133　多头显微镜下多名医师联合诊断阅片

3. 病理诊断室家具、设备配置

病理诊断室家具配置清单见表 3-69。

表 3-69　病理诊断室家具配置清单

家具名称	数量	备注
洗手盆	1	防水板、纸巾盒、洗手液、镜子（可选）
垃圾桶	1	尺度据产品型号
座椅	3	带靠背，可升降，可移动
操作台	2	现场测量定制
储物柜	3	尺度据产品型号
小会议桌	1	尺度据产品型号
圆凳	5	直径 380 mm

病理诊断室设备配置清单见表 3-70。

表 3-70　病理诊断室设备配置清单

设备名称	数量	备注
工作站	3	包括显示器、主机、打印机
显微镜	3	功率 30 W，质量 4 kg（参考）
共览显微镜	1	五人多头共览显微镜
显示器	1	根据实际需要进行配置

三十六、中草药配剂室

1. 中草药配剂室功能简述

中草药配剂室是进行中草药发放、存放的场所（图 3-134）。设置窗口发药，后台摆药、配药、存药。存放药品的空间需恒温、恒湿，保证药品存放条件。房间内设有中药斗或中药饮片柜，按照中药的药性、类别，分门别类摆设。房间的具体面积需根据项目量化要求确定。

图 3-134 中草药配剂室

2. 中草药配剂室主要行为说明

中草药配剂室主要行为见图 3-135。

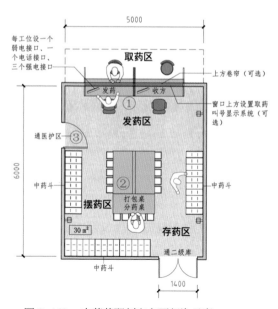

图 3-135 中草药配剂室主要行为示意

中草药配剂室布局三维示意见图 3-136。

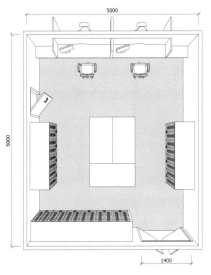

图 3-136　中草药配剂室布局三维示意

（1）发药区：设置发药窗口、取药排队叫号系统（图 3-137），窗口上方设置 LED 显示屏，取药大厅设置立式报到机。

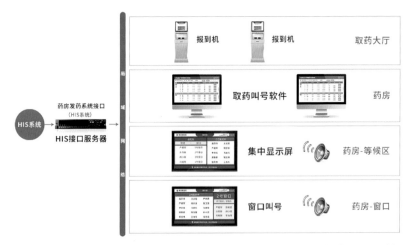

图 3-137　取药排队叫号显示系统

注：HIS 为 Hospital Information System 的缩写，意为医院信息系统。

（2）摆药、存药区：是分药摆药以及暂存药品的区域。设置分药桌、中药斗（图3-138）、中药饮片柜（图3-139）等。

图3-138 中药斗、分药摆药

图3-139 （小剂量单包装）中药饮片柜

（3）同时设立通往医护区、二级库的通道，便捷的沟通方便了工作人员的生活以及工作。

3. 中草药配剂室家具、设备配置

中草药配剂室家具配置清单见表3-71。

表3-71 中草药配剂室家具配置清单

家具名称	数量	备注
中药斗	3	—
分药桌	3	尺度据产品型号
座椅	2	带靠背，可升降，可移动
圆凳	2	直径380 mm

中草药配剂室设备配置清单见表 3-72。

表 3-72　中草药配剂室设备配置清单

设备名称	数量	备注
工作站	2	包括显示器、主机、打印机

三十七、消毒供应中心分类清洗消毒区

1. 消毒供应中心分类清洗消毒区功能简述

消毒供应中心（CSSD）是医院内承担各科室所有重复使用诊疗器械、器具和物品清洗、消毒、灭菌以及无菌物品供应的部门。

消毒供应中心分类清洗消毒区是对重复使用的诊疗器械、器具和物品进行回收、分类、清洗、消毒（包括运送器具的清洗消毒等）的区域，属于污染区，也称"去污区"（图 3-140）。器械、物品经初洗后，送入通过式自动清洗机进行清洗消毒。本房型主要表达行为需求，区域面积需根据项目待消品量化要求确定。

图 3-140　消毒供应中心分类清洗消毒区

2. 消毒供应中心分类清洗消毒区主要行为说明

消毒供应中心分类清洗消毒区主要行为见图 3-141。

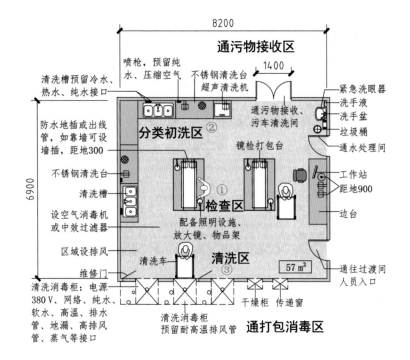

图 3-141 消毒供应中心分类清洗消毒区主要行为示意

消毒供应中心分类清洗消毒区布局三维示意见图 3-142。

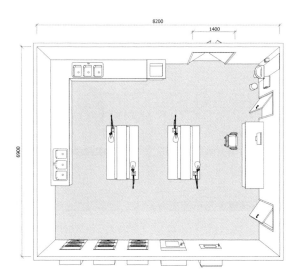

图 3-142 消毒供应中心分类清洗消毒区布局三维示意

　　进入清洗消毒区的工作人员要严格执行卫生通过程序，人员防护及着装要求应符合《医院消毒供应中心　第2部分：清洗消毒及灭菌技术操作规范》WS 310.2—2016中的相关规定。

　　（1）检查区：是对重复使用污染的诊疗器械、器具和物品进行登记、清点、核查、分类的区域。设置镜检打包台、工作站、照明设施、放大镜、物品架等。

　　（2）初洗区：对清点、核查后的污染器械进行清洗，去除表面肉眼可见污渍。通常精密、复杂的器械和有机物污染较重的器械需进行手工清洗（图3-143）。设置清洗台、清洗槽、喷枪、超声清洗机等设备。

图3-143　人工清洗诊疗器械

　　（3）清洗干燥区：进行大部分常规器械的机械清洗（图3-144），清洗完的器械宜首选干燥设备进行干燥处理，不应使用自然干燥法进行干燥。设置清洗消毒机、干燥柜（图3-145）、传递窗。

图3-144　手工清洗后的医疗器械被有序放进清洗机里面二次清洗

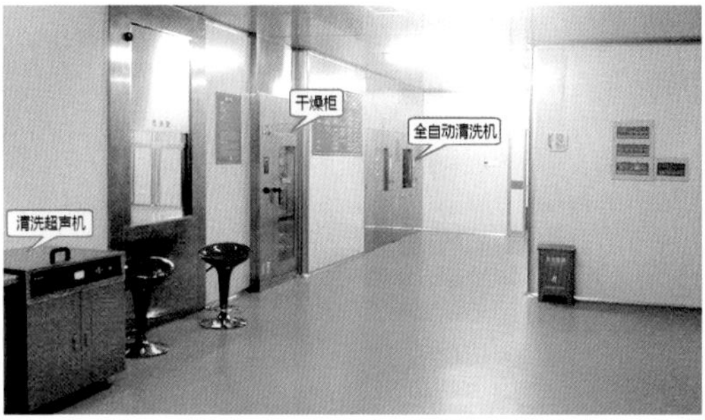

图 3-145　自动清洗机、干燥柜

同时，本功能用房通常临近配套设置污物接收区、污车清洗消毒室等。工作区域物品流向、空气流向、温度、湿度及机械通风换气次数、照明要求、水与蒸气质量要求、设备设施等均应符合《医院消毒供应中心　第 1 部分：管理规范》WS 310.1—2016 中的相关规定。

3. 消毒供应中心分类清洗消毒区家具、设备配置

消毒供应中心分类清洗消毒区家具配置清单见表 3-73。

表 3-73　消毒供应中心分类清洗消毒区家具配置清单

家具名称	数量	备注
镜检打包台	2	尺度据产品型号
回收车	2	尺度据产品型号
清洗池	2	尺度据产品型号
传递窗	1	尺度据产品型号
洗手盆	1	宜配备纸巾盒、洗手液、紧急洗眼器

消毒供应中心分类清洗消毒区设备配置清单见表 3-74。

表 3-74 消毒供应中心分类清洗消毒区设备配置清单

设备名称	数量	备注
工作站	1	包括显示器、主机
清洗消毒机	3	电源 380 V，功率 6.5 kW，质量 400 kg
超声清洗机	1	尺度据产品型号
双门干燥柜	1	功率 3.5 kW，质量 100 kg（参考）

三十八、消毒供应中心打包灭菌区

1. 消毒供应中心打包灭菌区功能简述

消毒供应中心打包灭菌区是对去污后的诊疗器械、器具和物品进行检查、装配、包装及灭菌（包括敷料制作等）的区域，属于清洁区（图3-146）。对从清洗机取出的器械进行检查、装配、包装后，送入高温灭菌器进行灭菌。本房型主要表达行为需求，房间面积需根据项目待灭菌物品量化要求及设备台数确定。

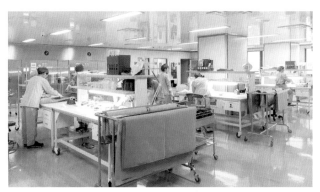

图3-146　消毒供应中心打包灭菌区

2. 消毒供应中心打包灭菌区主要行为说明

消毒供应中心打包灭菌区主要行为见图3-147。

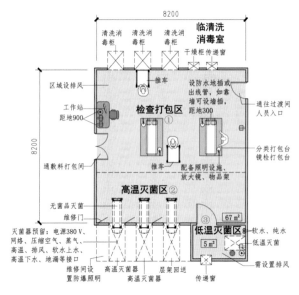

图3-147　消毒供应中心打包灭菌区主要行为示意

消毒供应中心打包灭菌区布局三维示意见图 3-148。

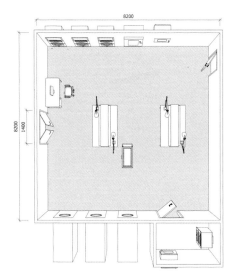

图 3-148　消毒供应中心打包灭菌区布局三维示意

（1）检查打包区：对去污后的物品进行检查、保养、包装（图 3-149）。采用目测或使用带光源放大镜对干燥后的每件器械、器具和物品进行检查，使用医用润滑剂进行器械保养；包装包括装配、包装、封包、注明标识等步骤。各类器械、物品的包装要求应符合《医院消毒供应中心　第 2 部分：清洗消毒及灭菌技术操作规范》WS 310.2—2016 中的相关规定。

图 3-149　护士进行器械的包装

（2）高温灭菌区：对检查包装好的器械、物品进行高温灭菌（图3-150）。各类器械、物品需根据其物理、化学性质选用压力蒸气（湿热）或干热灭菌法。具体要求应符合《医院消毒供应中心　第2部分：清洗消毒及灭菌技术操作规范》WS 310.2—2016中的相关规定。

图3-150　高温灭菌

（3）低温灭菌区：低温灭菌区适用于不耐热、不耐湿的器械、器具和物品的灭菌。常用的低温灭菌法主要包括：环氧乙烷灭菌、过氧化氢低温等离子体灭菌、低温甲醛蒸气灭菌。此区需设置低温灭菌设备，房间需加强排风（图3-151）。低温灭菌区应与无菌品存放区之间设置传递窗。

图3-151　低温灭菌区

同时，本功能用房通常临近配套设置敷料打包间、人员入口过渡间等。进入打包灭菌室的工作人员要严格执行卫生通过程序，人员防护及着装要求应符合《医院消毒供应中心 第2部分：清洗消毒及灭菌技术操作规范》WS 310.2—2016中的相关规定。

3. 消毒供应中心打包灭菌区家具、设备配置

消毒供应中心打包灭菌区家具配置清单见表3-75。

表3-75　消毒供应中心打包灭菌区家具配置清单

家具名称	数量	备注
转运车	2	尺度据产品型号
打包台	2	尺度据产品型号
传递窗	1	尺度据产品型号
座椅	1	带靠背，可升降，可移动
工作台	1	现场测量定制

消毒供应中心打包灭菌区设备配置清单见表3-76。

表3-76　消毒供应中心打包灭菌区设备配置清单

设备名称	数量	备注
工作站	1	包括显示器、主机
高温灭菌器	3	功率3 kW，质量1060 kg，需外供蒸气
低温灭菌器	1	功率0.5 kW，质量400 kg（参考）

三十九、消毒供应中心无菌存放间

1. 消毒供应中心无菌存放间功能简述

消毒供应中心无菌存放间是存放和保管无菌物品的区域，属于清洁区。经灭菌的各种器械包、敷料包在这一区域内进行接收保存和分类发放。本房型主要表达行为需求，房间面积需根据物品存放量化要求确定。

2. 消毒供应中心无菌存放间主要行为说明

消毒供应中心无菌存放间主要行为见图 3-152。

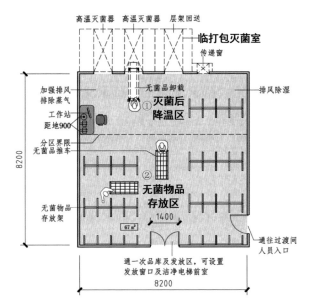

图 3-152　消毒供应中心无菌存放间主要行为示意

消毒供应中心无菌存放间布局三维示意见图 3-153。

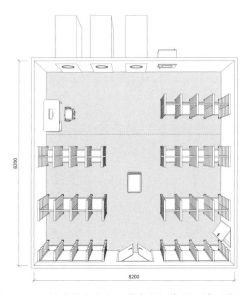

图 3-153　消毒供应中心无菌存放间布局三维示意

（1）降温区：灭菌后的器械、物品在此区域卸载，进行降温冷却，设置存放车、存放架。需加强排风除湿。

（2）无菌物品存放区：降温冷却后的无菌器械、物品应分类、分架存放。存放要求应符合《医院消毒供应中心　第2部分：清洗消毒及灭菌技术操作规范》WS 310.2—2016中的相关规定（图3-154）。

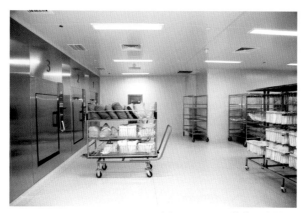

图3-154　无菌物品存放区

同时，本功能用房通常临近配套设置无菌物品发放、洁车清洗室、一次性无菌存放间、一次品拆包区、人员入口过渡间等。进入打包灭菌室的工作人员要严格执行卫生通过程序，人员防护及着装要求应符合《医院消毒供应中心　第2部分：清洗消毒及灭菌技术操作规范》WS 310.2—2016中的相关规定。工作区域物品流向、空气流向、温度、湿度及机械通风换气次数、照明要求、水与蒸气质量要求、设备设施等均应符合《医院消毒供应中心　第1部分：管理规范》WS 310.1—2016中的相关规定。

3. 消毒供应中心无菌存放间家具、设备配置

消毒供应中心无菌存放间家具配置清单见表3-77。

表3-77　消毒供应中心无菌存放间家具配置清单

家具名称	数量	备注
存放车	2	尺度据产品型号
存放架	24	尺度据产品型号
座椅	1	尺度据产品型号

消毒供应中心无菌存放间设备配置清单见表 3-78。

表 3-78　消毒供应中心无菌存放间设备配置清单

设备名称	数量	备注
工作站	1	包括显示器、主机

四十、住院药房

1. 住院药房功能简述

住院药房主要负责住院患者的药品供应和药品管理以及临床科室的药学服务。其主要的工作内容有：医嘱审核、药品调剂、药品配送、药品管理、药学服务等。

住院药房主要供病房护士集中领药和药品核对。可选设窗口，根据院方管理需求，对临床药师咨询和患者出院带药等进行服务，后台设配药、存药、摆药功能，可选配自动化包药等自动化设备。本房型主要表达行为特点及工艺条件需求，具体面积需根据医院规模、医院级别、床位数量等确定。

2. 住院药房主要行为说明

住院药房主要行为见图 3-155。

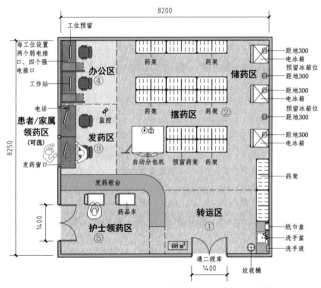

图 3-155　住院药房主要行为示意

住院药房布局三维示意见图 3-156。

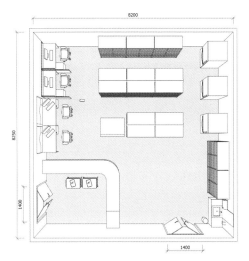

图 3-156 住院药房布局三维示意

（1）转运区：与二级库相通，此区可进行摆药前药品的拆包、分类等工作。

（2）摆药、储药区：根据药品申领取药、摆药，主要进行病房的大批量药品的调剂。根据医院管理需求亦可进行患者/家属申领药品的取药、摆药。设置自动分包机（图3-157）、药架、电冰箱等。

（3）发药区：选设发药窗口，亦可对出院患者带药、药物咨询等进行服务。设置电话、工作台、工作站，同时设置监控，保护医患双方的合法权益。

（4）办公区：进行病房药品医嘱的审核及药品申请出单。设置工作台、工作站等。

（5）护士领药区：病房护士领药区，含推车停放。病房护士在此区域进行申领药品的再次核对，确认后离开。设置发药柜台等。

图 3-157 全自动药品分包机

3. 住院药房家具、设备配置

住院药房家具配置清单见表 3-79。

表 3-79　住院药房家具配置清单

家具名称	数量	备注
洗手盆	1	防水板、纸巾盒、洗手液、镜子（可选）
工作台	4	宜圆角
座椅	4	带靠背，可升降，可移动
药品架	15	尺度据产品型号
柜台	1	L 形
药品车	2	—

住院药房设备配置清单见表 3-80。

表 3-80　住院药房设备配置清单

设备名称	数量	备注
工作站	4	包括显示器、主机、打印机
显示屏	2	尺度据产品型号
电冰箱	3	尺度据产品型号
监控	1	尺度据产品型号
自动包药机	1	尺度据产品型号

四十一、体液标本接收室

1. 体液标本接收室功能简述

　　体液标本接收室是检验科接收患者体液标本的场所，设置标本接收窗口，工作人员扫描患者信息，打印条形码，将患者提交的体液标本送入实验区进行检验（图 3-158）。

图 3-158　体液标本接收室

2. 体液标本接收室主要行为说明

体液标本接收室主要行为见图 3-159。

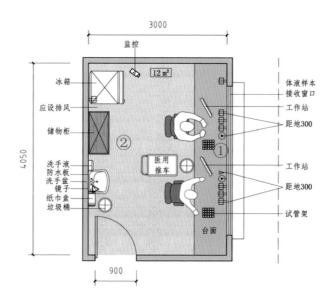

图 3-159　体液标本接收室主要行为示意

体液标本接收室布局三维示意见图 3-160。

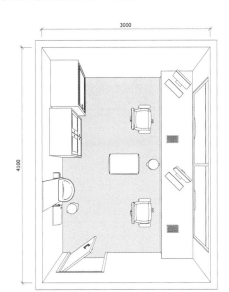

图 3-160　体液标本接收室布局三维示意

（1）窗口区：患者或家属将体液标本送至窗口，工作人员核验后接收。考虑到医疗行为的特殊性，确保标本与患者的准确性，窗口区应设置监控。

（2）工作区：标本接收后工作人员对标本进行整理、核验，设置工作站、医用推车、工作台等，同时需考虑标本试剂及物品耗材的存放，应设置冰箱、储物柜等。

3. 体液标本接收室家具、设备配置

体液标本接收室家具配置清单见表 3-81。

表 3-81　体液标本接收室家具配置清单

家具名称	数量	备注
洗手盆	1	防水板、纸巾盒、洗手液、镜子（可选）
储物柜	1	尺度据产品型号
垃圾桶	2	尺度据产品型号
操作台	1	可根据需要定制
医用推车	1	尺度据产品型号

体液标本接收室设备配置清单见表 3-82。

表 3-82　体液标本接收室设备配置清单

设备名称	数量	备注
工作站	2	包含主机、显示器、打印机
电冰箱	1	有效容积 588 L，功率 700 W，质量 277 kg
监控	1	尺度据产品型号

四十二、光疗室

1. 光疗室功能简述

光疗室是利用光线辐射治疗皮肤疾病的房间，一般设置在皮肤科。分为红、蓝光治疗和紫外线治疗。通过对患者进行光照射达到治疗目的，可分为全身、局部或站姿、卧姿等形式。应考虑紫外线防护用品及室内的紫外线防护措施。房间应设置机械排风系统。

2. 光疗室主要行为说明

光疗室主要行为见图 3-161。

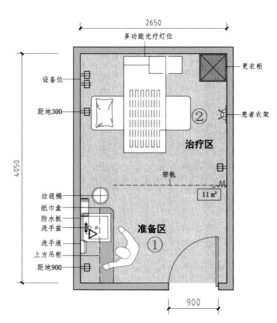

图 3-161　光疗室主要行为示意

光疗室布局三维示意见图 3-162。

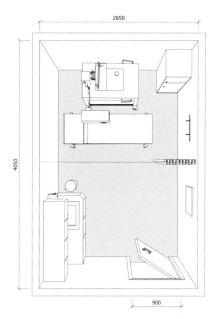

图 3-162　光疗室布局三维示意

（1）准备区：主要用于光疗前医护人员的洗手和物品准备。设置洗手盆、吊柜等。

（2）治疗区：为光疗区域，设置多功能光疗灯（图 3-163）、更衣柜，同时设置隔帘，注意保护患者隐私。根据治疗形式选设治疗床。

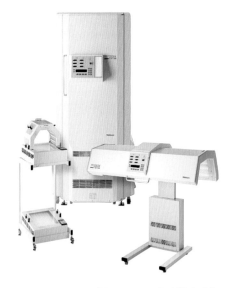

图 3-163　多功能光疗灯

3. 光疗室家具、设备配置

光疗室家具配置清单见表 3-83。

表 3-83　光疗室家具配置清单

家具名称	数量	备注
衣柜	1	尺度据产品型号
帘轨	2	直线型
洗手盆	1	防水板、纸巾盒、洗手液、镜子（可选）
垃圾桶	1	直径 300 mm
治疗床	1	尺度据产品型号
衣架	1	尺度据产品型号

光疗室设备配置清单见表 3-84。

表 3-84　光疗室设备配置清单

设备名称	数量	备注
工作站	1	包括显示器、主机、打印机
光疗灯	1	6 支 40 W 灯管，质量 71 kg（参考）

四十三、蜡疗室

1. 蜡疗室功能简述

蜡疗是一种传导热疗法，可将加热的蜡敷在患部，或将患部浸入蜡液，它利用温热、机械和化学刺激作用达到治疗疾病的目的（图 3-164）。蜡疗室通常设置于康复医学科，根据医院管理需求可设单人间或多人间，因房间内石蜡有刺激性气味，需设置机械排风系统，如有条件建议单设熔蜡室。

图 3-164　局部蜡疗

2. 蜡疗室主要行为说明

蜡疗室主要行为见图 3-165。

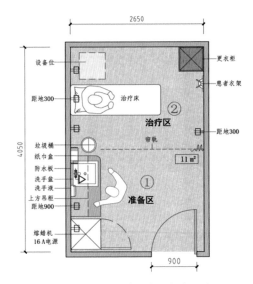

图 3-165　蜡疗室主要行为示意

蜡疗室布局三维示意见图 3-166。

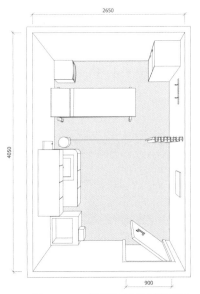

图 3-166　蜡疗室布局三维示意

（1）准备区：主要用于蜡疗前后医护人员的洗手、治疗前的物品准备。设置洗手盆、吊柜，可选设熔蜡机。

（2）治疗区：蜡疗区域，设置治疗床、更衣柜、预留设备位，同时设置隔帘，注意患者隐私保护。

3. 蜡疗室家具、设备配置

蜡疗室家具配置清单见表 3-85。

表 3-85 蜡疗室家具配置清单

家具名称	数量	备注
衣柜	1	尺度据产品型号
帘轨	1	直线型
洗手盆	1	防水板、纸巾盒、洗手液、镜子（可选）
垃圾桶	1	直径 300 mm
治疗床	1	尺度据产品型号
衣架	1	尺度据产品型号

蜡疗室设备配置清单见表 3-86。

表 3-86 蜡疗室设备配置清单

设备名称	数量	备注
工作站	1	包括显示器、主机、打印机
熔蜡机	1	质量 50 kg（参考）

四十四、肌电图检查室

1. 肌电图检查室功能简述

肌电图检查室是应用电刺激检查神经、肌肉兴奋及传导功能的房间。每台肌电图机配备一张检查床，为一医一患的形式（图 3-167）。

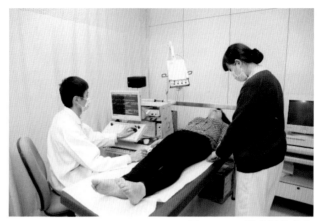

图 3-167　肌电图检查室

2. 肌电图检查室主要行为说明

肌电图检查室主要行为见图 3-168。

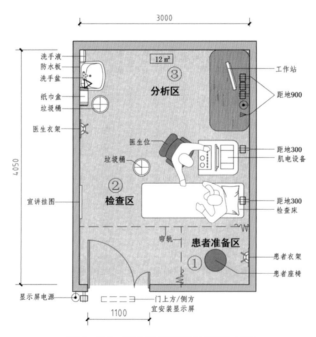

图 3-168　肌电图检查室主要行为示意

肌电图检查室布局三维示意见图3-169。

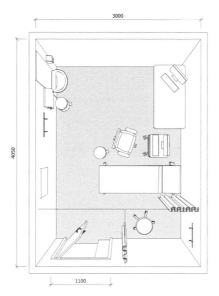

图3-169　肌电图检查室布局三维示意

（1）患者准备区：由于肌电图检查需要直接接触患者的皮肤，在检查前患者可能需要脱掉鞋袜、（厚）外衣等，因此设置患者准备区，并设隔帘。

（2）检查区：是患者进行检查的区域，设置肌电检查设备（图3-170）、检查床，同时检查中注意保护患者隐私，设置隔帘。

（3）分析区：是医师对检查结果进行分析、诊断的区域，设置打印机、工作站、洗手盆等。

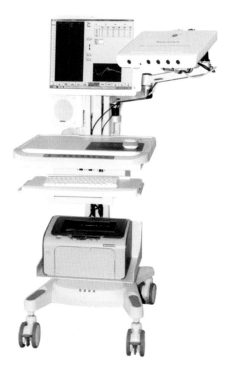

图3-170　肌电图仪

3. 肌电图检查室家具、设备配置

肌电图检查室家具配置清单见表 3-87。

表 3-87　肌电图检查室家具配置清单

家具名称	数量	备注
洗手盆	1	防水板、纸巾盒、洗手液、镜子（可选）
诊桌	1	宜圆角
检查床	1	宜安装一次性床垫卷筒纸
垃圾桶	2	直径 300 mm
座椅	1	带靠背，可升降，可移动
衣架	2	尺度据产品型号
帘轨	2	直线型
圆凳	1	直径 380 mm

肌电图检查室设备配置清单见表 3-88。

表 3-88　肌电图检查室设备配置清单

设备名称	数量	备注
工作站	1	包括显示器、主机、打印机
肌电机	1	尺度据产品型号
显示屏	1	尺度据产品型号

四十五、MRI 室

1. MRI 室功能简述

MRI（核磁共振成像）室是利用核磁振荡原理对人体进行扫描的功能房间（图 3-171）。宜与放射科组成一区或自成一区，与门诊部、急诊部、住院部邻近。同时，应考虑楼板承重及大型设备运输动线，包括建筑体外的运输路线，如吊车、集装箱及卸货空间。

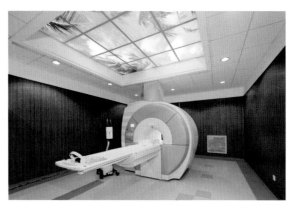

图 3-171　MRI 检查室

2. MRI 室主要行为说明

MRI 室主要行为见图 3-172。

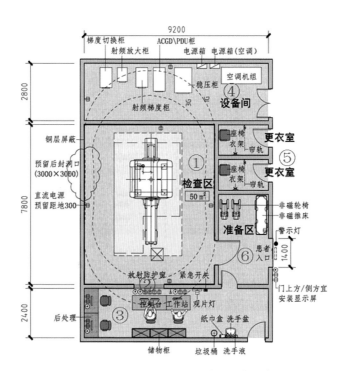

图 3-172　MRI 室主要行为示意

MRI 室布局三维示意见图 3-173。

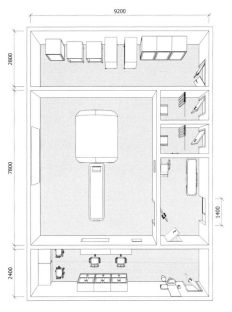

图 3-173　MRI 室布局三维示意

　　MRI 设备主要由主磁体、扫描床、梯度线圈、射频线圈、谱仪系统、控制柜、人机对讲的操作台、计算机和图像处理器等组成，因此 MRI 设备安装需要三间机房：扫描间、控制间、设备机房。同时，根据医疗行为特点配套设置患者更衣室、准备区功能用房。

　　（1）扫描间 / 检查区：扫描间中央放置主磁体、扫描床。墙身、楼地面、门窗、洞口、嵌入体等所采用的材料、构造均应按设备要求和屏蔽专门规定采取屏蔽措施。同时，《综合医院建筑设计规范》GB 51039—2014 中要求扫描间应设电磁屏蔽、氦气排放和冷却水供应设施；扫描间门的净宽不应小于 1.2 m，控制间门的净宽宜为 0.9 m，并应满足设备通过要求。

　　（2）观察窗：是扫描间与控制间隔墙安装的铅玻璃窗，净宽不应小于 1.2 m，净高不应小于 0.8 m。

　　（3）控制间：设置操作台、控制机柜、工作站（图 3-174）、后处理工作站、储物柜等，是医生进行检查操作控制以及数据、图像采集的区域，与扫描间有直接的沟通路径。

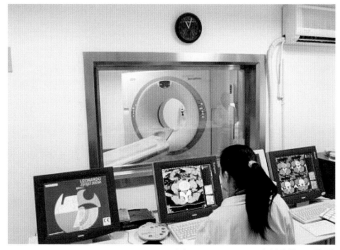

图 3-174　MRI 室控制间工作站

（4）设备机房：是放置配电电源箱、空调机、射频梯度柜、稳压柜等的区域。

（5）更衣室：由于 MRI 有很强的磁场，为避免静态金属物的影响，患者在检查前通常需要取下身体佩戴的任何金属物或磁性物质植入体，换上 MRI 室的检查专用服，因此需设更衣室，更衣室设置隔帘、座椅、衣架等，注意隐私保护。

（6）准备区：是患者进入扫描间前的入口区域，预留轮椅、推床的位置，门宽建议不小于 1.4 m，门上方宜设置显示屏、警示灯。

3. MRI 室家具、设备配置

MRI 室家具配置清单见表 3-89。

表 3-89　MRI 室家具配置清单

家具名称	数量	备注
工作台	4	尺度据产品型号
座椅	4	带靠背，可升降，可移动
洗手盆	1	防水板、纸巾盒、洗手液、镜子（可选）

MRI 室设备配置清单见表 3-90。

表 3-90　MRI 室设备配置清单

设备名称	数量	备注
工作站	3	包括显示器、主机、打印机
显示屏	1	尺度据产品型号
警示灯	1	检查期间，警示灯处于开启状态
观片灯	1	医用观片灯（预留）
磁体	1	质量 5320 kg（参考）
ACGD 柜	1	质量 1250 kg（参考）
射频放大柜	1	质量 225 kg（参考）
梯度切换柜	1	质量 100 kg（参考）
稳压柜	1	质量 890 kg（参考）

四十六、脑磁图室

1. 脑磁图室功能简述

脑磁图（MEG）是目前的磁源成像技术，将受检者的头部置于特别敏感的超冷电磁测定器中，利用低温超导技术实时地测量大脑磁场信号的变化，将获得的电磁信号转换成等磁线图，多用于神经内、外科及精神科疾病的诊断。

脑磁图室的布局需考虑磁体间的主动和被动干扰，同时，由于脑磁场强度很微弱，房间需有严密的电磁场屏蔽。本房型参照一定设备型号设置，实际房间尺度及机电要求需根据具体设备品牌型号制定。

2. 脑磁图室主要行为说明

脑磁图室主要行为见图 3-175。

脑磁图室布局三维示意见图 3-176。

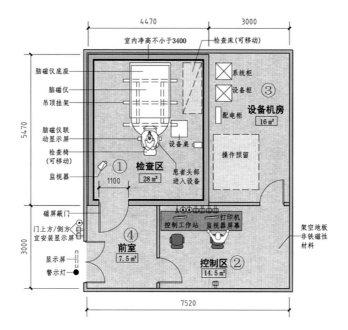

图 3-175　脑磁图室主要行为示意

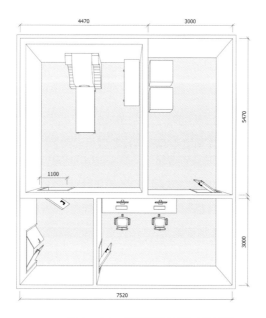

图 3-176　脑磁图室布局三维示意

（1）检查区：是进行脑磁场信号测量的区域，又称"磁屏蔽室"。设置脑磁仪（图3-177）、监视器等。根据设备形式，患者可取坐位或平卧位，头部进入电磁测定器中进行检查。检查区墙身、门窗、洞口等所采用的材料、构造均应按设备要求和屏蔽专门规定采取屏蔽措施。

（2）控制区：设置操作台、工作站、监视器屏幕等，是医生进行检查操作控制以及数据、图像采集的区域。采集工作站通过运行不同的采集程序控制检测过程并将测量结果储存（图3-178）。

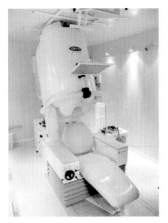

图3-177　脑磁仪设备

图3-178　脑磁图室图像采集和处理工作站

（3）设备机房：是放置配电电源箱、系统柜等的区域。同时，预留了部分操作空间。

（4）前室：患者进入磁屏蔽室的缓冲区域，门上方宜设置显示屏、警示灯。

为避免静态金属物的影响，患者在检查前通常需要取下身体佩戴的任何金属物或磁性物质植入体，换上检查专用衣服，因此需考虑在检查区外设置更衣室。

3. 脑磁图室家具、设备配置

脑磁图室家具配置清单见表3-91。

表3-91　脑磁图室家具配置清单

家具名称	数量	备注
工作台	2	尺度据产品型号
座椅	2	带靠背，可升降，可移动

脑磁图室设备配置清单见表 3-92。

表 3-92　脑磁图室设备配置清单

设备名称	数量	备注
工作站	2	包括显示器、主机、打印机
显示屏	1	尺度据产品型号
警示灯	1	检查期间，警示灯处于开启状态
监控系统	1	用于监控患者状态
脑磁仪	1	尺度据产品型号
系统柜	1	尺度据产品型号
设备柜	1	尺度据产品型号
检查床	1	尺度据产品型号
检查椅	1	尺度据产品型号

第四章 科研教学 / 其他系列

一、远程会诊室

1. 远程会诊室功能简述

远程会诊是结合通信技术、网络技术、软件技术、电子病历技术、多媒体技术、虚拟现实技术，实现个人与医院之间、医院与医院之间医学信息的远程传输和监控（图 4-1）。根据诊疗行为特点布置相应设备和家具，房间可分为显示区和工作区（图 4-2）。

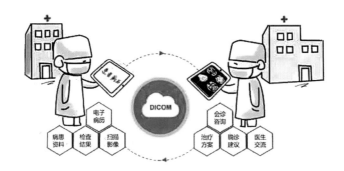

图 4-1 远程会诊示意

图 4-2 远程会诊室

2. 远程会诊室主要行为说明

远程会诊室主要行为见图 4-3。

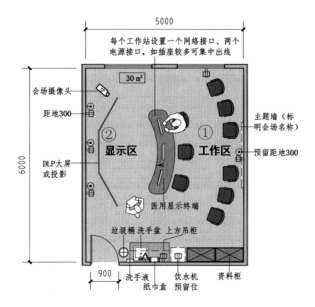

图 4-3 远程会诊室主要行为示意

远程会诊室布局三维示意见图 4-4。

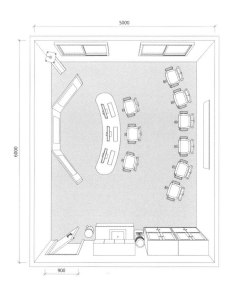

图 4-4 远程会诊室布局三维示意

（1）工作区：设置座椅、会议桌、工作站、资料柜等。会诊前先将患者详细病案资料上传至远程会诊平台，使专家对患者病情有充分的了解和判断。在约定的时间，地方主治医生通过多媒体设备简要介绍病史、检查结果、治疗经过，双方讨论病情，专家解答问题并给出诊疗建议，患者或家属也可在指定时间与专家沟通。会诊结束，专家医院向地方医院发送会诊意见书，供地方医院参考。

（2）显示区：设置 DLP 大屏或投影、监控设备等。在会诊前、会诊中，进行患者病史资料等的放映、会诊人员通过平台视频讨论等。

3. 远程会诊室家具、设备配置

远程会诊室家具配置清单见表 4-1。

表 4-1　远程会诊室家具配置清单

家具名称	数量	备注
会议桌	1	宜圆角
座椅	9	尺度据产品型号
洗手盆	1	防水板、纸巾盒、洗手液、镜子（可选）
垃圾桶	1	直径 300 mm
资料柜	2	—
边台吊柜	1	尺度据产品型号

远程会诊室设备配置清单见表 4-2。

表 4-2　远程会诊室设备配置清单

设备名称	数量	备注
工作站	3	尺度据产品型号
大屏显示	3	大屏显示或吊装投影仪、幕布
监控	1	尺度据产品型号

二、模拟教学室（急救）

1. 模拟教学室（急救）功能简述

模拟教学室（急救）用于对急救、抢救等医疗操作进行培训和考核。房间需设置急救模拟假人、模拟监护设备、教学设备等，根据需求可增设突发抢救、心肺复苏、气管插管等培训项目。如有条件可设置监控室，对教学模拟情况进行数据监控、评判打分。房间通常设置有地面抢救区、床上抢救区及投影教学区。房间面积根据教学量化需求确定。

2. 模拟教学室（急救）主要行为说明

模拟教学室（急救）主要行为见图 4-5。

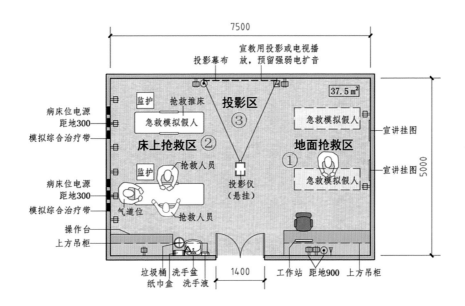

图 4-5　模拟教学室（急救）主要行为示意

模拟教学室（急救）布局三维示意见图 4-6。

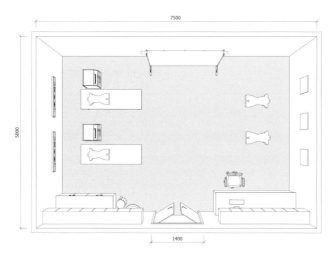

图 4-6　模拟教学室（急救）布局三维示意

（1）地面抢救区：是进行基本生命支持培训（评估生命体征、开放气道、开放静脉通道、人工呼吸、胸外按压、简易呼吸器的使用等）及处理创伤技能培训（止血、包扎、固定、搬运等）的区域。包括单人操作和多人操作的培训。

（2）床上抢救区：是进行进一步生命支持培训（气管插管技术、呼吸机的应用等），以及洗胃机、输液泵、微量泵、心电监护仪、除颤仪的使用及其他操作技能培训的区域。同时，在模拟抢救中，急救药物的放置、药理作用、给药途径、用量等在培训中均应有所体现。

（3）投影教学区：包括急救理论讲授和模拟训练及考试录像分析等，可及时查找问题、分析总结。

3. 模拟教学室（急救）家具、设备配置

模拟教学室（急救）家具配置清单见表 4-3。

表 4-3　模拟教学室（急救）家具配置清单

家具名称	数量	备注
操作台	2	整体式操作台
座椅	1	尺度据产品型号
洗手盆	1	防水板、纸巾盒、洗手液、镜子（可选）
垃圾桶	1	直径 300 mm
抢救推床	2	尺度据产品型号

模拟教学室（急救）设备配置清单见表 4-4。

表 4-4　模拟教学室（急救）设备配置清单

设备名称	数量	备注
工作站	1	包括显示器、主机、打印机
模拟假人	4	心肺复苏与创伤模拟人（计算机）
投影设备	1	宣教用或采用电视机
综合医疗设备带	2	宣教用
监护设备	2	宣教用

三、污物间

1. 污物间功能简述

污物间是暂时存放医疗垃圾及废弃物的场所（图 4-7）。内设分类垃圾桶、储物架、污洗池等。地面、台面需耐擦洗、耐消毒剂。房间利用紫外线消毒或其他消毒方式。根据行为特点，通常分为污洗区、存放区。

图 4-7　污物间

2. 污物间主要行为说明

污物间主要行为见图 4-8。

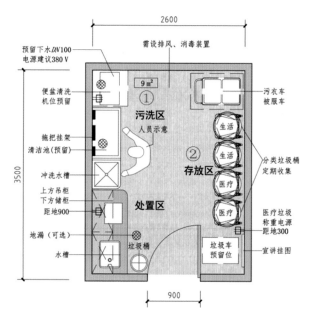

图 4-8　污物间主要行为示意

污物间布局三维示意见图 4-9。

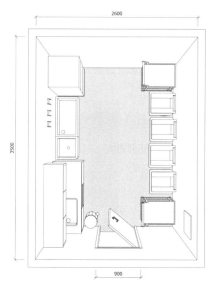

图 4-9　污物间布局三维示意

（1）污洗区：含清洁池、冲洗水槽、拖把挂架等，具备浸泡、冲洗、卫生用品储存等功能。

（2）存放区：含分类垃圾桶（图4-10）、污衣车、被服车位等，分类存放医疗垃圾和生活垃圾等，定时通过污物通道和污物电梯运出医疗废物、污衣及被服等。

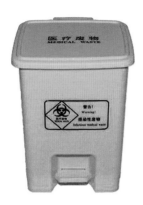

图4-10　分类垃圾桶

3. 污物间家具、设备配置

污物间家具配置清单见表4-5。

表4-5　污物间家具配置清单

家具名称	数量	备注
操作台柜	1	包含清洗、保洁储存
水槽	1	尺度据产品型号
分类垃圾桶	4	尺度据产品型号
冲洗水槽	1	尺度据产品型号
清洁池	1	上方设置拖把吊钩
污衣车	1	—

污物间设备配置清单见表4-6。

表4-6　污物间设备配置清单

设备名称	数量	备注
便盆清洗机	1	立式便盆清洗机，电源380 V

附 录

一、综合政策法规

1.《医疗机构基本标准（试行）》卫医发〔1994〕第 30 号

2.《综合医院建筑设计规范》GB 51039—2014

3.《三级综合医院评审标准（2011 年版）实施细则》卫办医管发〔2011〕148 号

4.《二级综合医院评审标准（2012 年版）实施细则》卫办医管发〔2012〕57 号

5.《妇产医院基本标准（试行）》卫医发〔1996〕第 24 号

6.《三级妇产医院医疗服务能力指南》（2017 年版）

7.《三级妇产医院评审标准（2011 年版）实施细则》卫办医管发〔2012〕67 号

8.《三级妇幼保健院评审标准实施细则（2016 年版）》国卫办妇幼发〔2016〕36 号

9.《二级妇幼保健院评审标准实施细则（2016 年版）》国卫办妇幼发〔2016〕36 号

10.《眼科医院基本标准（试行）》卫医发〔1996〕第 24 号

11.《耳鼻喉科医院基本标准（试行）》卫医发〔1996〕第 24 号

二、专项政策法规

1.《急诊科建设与管理指南（试行）》卫医政发〔2009〕50 号

2.《医院急诊科规范化流程》WS/T 390—2012

3.《新生儿病室建设与管理指南（试行）》卫医政发〔2009〕123 号

4.《重症医学科建设与管理指南（试行）》卫医政发〔2009〕23 号

5.《重症监护病房医院感染预防与控制规范》WS/T 509—2016

6.《医院洁净手术部建筑技术规范》GB 50333—2013

7.《医院手术部（室）管理规范（试行）》卫医政发〔2009〕90 号

8.《病理科建设与管理指南（试行）》卫办医政发〔2009〕31 号

9.《医疗机构临床用血管理办法》（卫生部令第 85 号）

10.《综合医院康复医学科建设与管理指南》卫医政发〔2011〕31 号

11.《综合医院康复医学科基本标准（试行）》卫医政发〔2011〕47 号

12.《医用 X 射线诊断放射防护要求》GBZ 130—2013

13.《人类辅助生殖技术与人类精子库相关技术规范、基本标准和伦理原则》卫科教发〔2003〕176 号

14.《人类辅助生殖技术配置规划指导原则（2015 版）》国卫妇幼发〔2015〕53 号

15.《医用空气加压氧舱》GB/T 12130—2005

16.《医用氧舱安全管理规定》质技监局国发〔1999〕218 号

17.《二、三级综合医院药学部门基本标准（试行）》卫医政发〔2010〕99 号

18.《医院中药房基本标准》国中医药发〔2009〕4 号

19.《医疗机构中药煎药室管理规范》国中医药发〔2009〕3 号

20.《临床核医学的患者防护与质量控制规范》GB 16361—2012

21.《临床核医学放射卫生防护标准》GBZ 120—2006

22.《临床核医学患者防护要求》WS 533—2017

23.《电离辐射防护与辐射源安全基本标准》GB 18871—2002

24.《医用 X 射线治疗放射防护要求》GBZ 131—2017

25.《内镜清洗消毒技术操作规范（2004 年版）》卫医发〔2004〕100 号

26.《〈内镜诊疗技术临床应用管理暂行规定〉和普通外科等 10 个专业内镜诊疗技术管理规范的通知》国卫办医发〔2013〕44 号

27.《医院消毒供应中心 第 1 部分：管理规范》WS 310.1—2016

28.《医院消毒供应中心 第 2 部分：清洗消毒及灭菌技术操作规范》WS 310.2—2016

29.《医院消毒供应中心 第 3 部分：清洗消毒及灭菌效果监测标准》WS 310.3—2016

三、其他

1.《医院消毒卫生标准》GB 15982—2012

2.《医疗机构门急诊医院感染管理规范》WS/T 591—2018

3.《医院感染预防与控制评价规范》WS/T 592—2018

4.《医疗机构环境表面清洁与消毒管理规范》WS/T 512—2016

5.《医疗卫生机构医疗废物管理办法》卫生部令第 36 号

6.《医疗废物管理条例》国务院令第 380 号

7.《医疗机构内通用医疗服务场所的命名》WS/T 527—2016